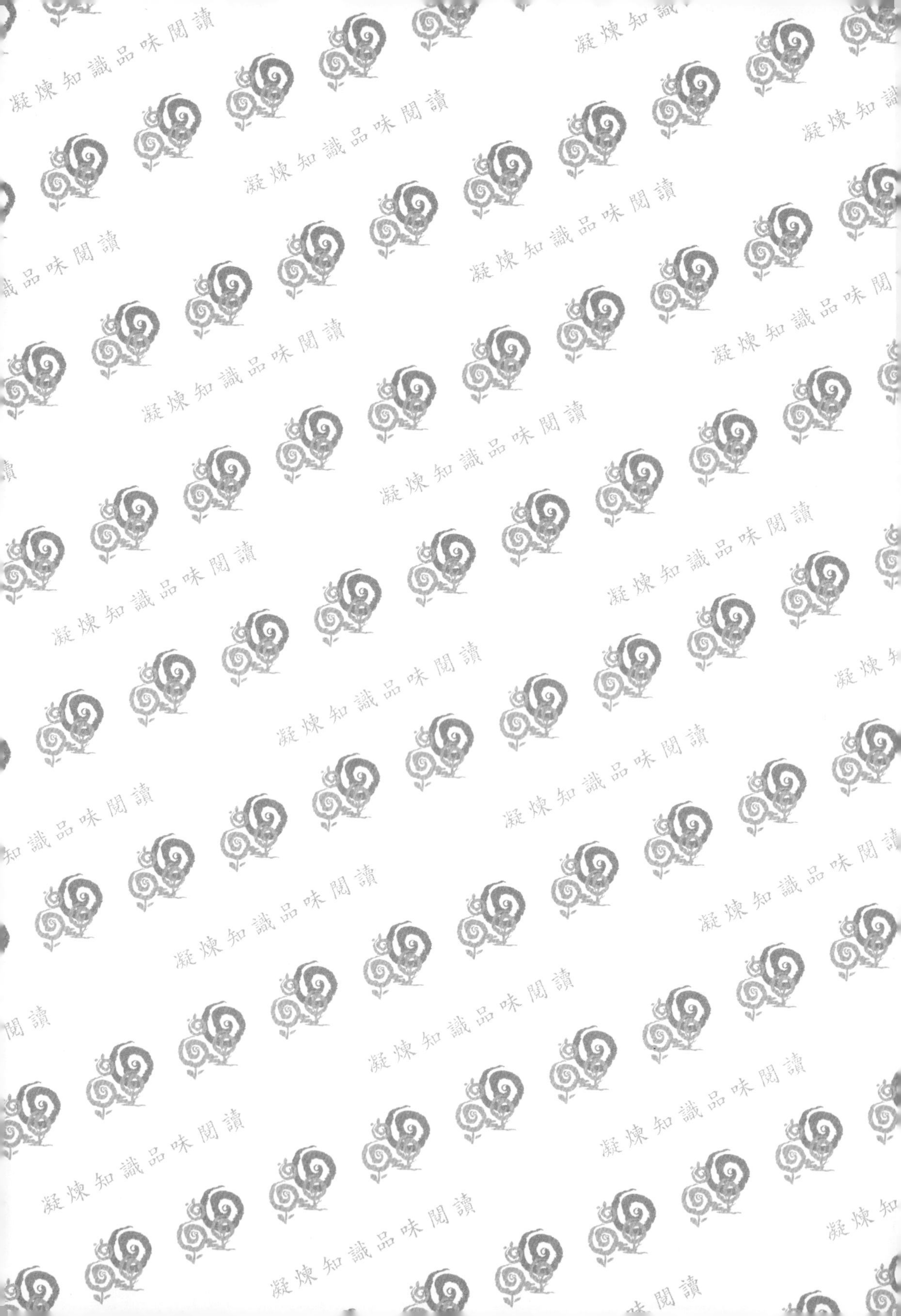
凝煉知識品味閱讀

凝煉知識品味閱讀

超圖解

行銷致勝 72個黃金法則

掌握優勢的行銷策略×引領風潮、創造新需求×打造最強市場競爭力→創造業績

戴國良 博士 著

行銷致勝！提高品牌印象度、知名度、好感度及業績力。

五南圖書出版公司 印行

作者序言

一、行銷的重要性

「行銷」對任何一個行業都是非常重要的，任何一個行業想要把產品銷售出去，或是想把品牌打造出來，都必須要重視行銷、做好行銷。

不只日常消費品、耐久性商品需要做行銷，零售百貨業、餐飲業、各式連鎖店業、服務業、電影業、電視節目業、教育業、汽車業、機車業、藥品業、保健品業、家電業、藝人業、3C業……等，幾乎每個行業都必須做好行銷工作，才能在品牌林立的高度激烈競爭市場中，存活下來，並且屹立不搖。

二、本書7大特色

本書花費作者相當多的時間去構思、布局及撰寫，也是作者一生出版30多本書以來，更為重要的一本行銷書籍，也是我人生最後的一本行銷書籍。計有七大特色，如下：

（一）歸納出最重要、最精華的72個行銷成功、行銷致勝黃金法則

本書有系統的歸納出作者我一生的工作經驗、教學研究、實務界人士訪談及閱讀數百篇行銷文章，總結出作者我認為行銷能夠成功、能夠致勝、能夠超越競爭對手的72個最核心、最關鍵的黃金法則。當你能夠有效的掌握及運用這72個黃金法則，你做行銷必能成功。因此，這72個黃金法則，也可以視為是「行銷聖經的72條」。

（二）超圖解圖文表達，易於閱讀及一目瞭然

本書採取每一段文字後，即用圖示法加以表達，可說易於閱讀，也易於一目瞭然，提高讀者們對重要觀念、重要標題的知識吸收能力。從各種圖示中，常可以使讀者們有快速且重點式的知識啓發，形成讀者們腦中能力的逐步累積。

（三）行銷致勝的最佳實戰參考工具書

本書是繼作者之前撰寫極為長銷《圖解行銷學》著書之後的另一本好書，這二本好書都是讀者們在行銷工作上或營業工作上最佳的實務參考工具書。當讀者們做行銷或從事行銷工作時，想到要如何才能行銷成功或行銷致勝的思考

或問題或困境時，不妨拿出本書來翻看看並深入閱讀，相信，本書是讀者們最佳的行銷實戰參考工具書。

（四）累積作者20多年行銷功力的行銷智慧大全集

本書堪稱是累積作者我個人這20多年來，從自身實務工作中、從教學研究中、從深度訪談行銷經理人們中，所累積而成的作者一生行銷智慧大全集。

在我一生行銷知識與行銷智慧中，作者萃取出最具代表性、也最精華的72個成功行銷黃金法則，希望對從事行銷、營業、企劃的年輕上班族朋友們，帶來你們工作上的助益及行銷功力的再精進。

（五）掌握好這72個黃金法則，你的企業必能經營成功

如果你是企業的經營者，如能好好用心掌握好這72個黃金法則，並廣泛的運用到你經營的企業上，作者相信，你的企業必能經營成功。因為，這72個行銷黃金法則，其實，也是企業經營面的黃金法則，因為：行銷＝經營。

（六）最本土化的行銷智慧書籍

本書完全是作者我個人這25年來，在台灣這個本土市場上，做長期觀察、長期研究、長期分析、長期搜集資料，以及長期歸納而成的，最接地氣的、最本土化、最在地企業的行銷智慧好書籍。

（七）行銷及營業、企劃、人員自我升級及晉升主管的最佳夥伴書籍

廣大的年輕上班族朋友們，在辛苦的一生上班工作歷程中，無非就是想要：每個月一份薪水、每年一份年終獎金＋分紅獎金（後者這是上市櫃公司才有），以及能夠定期加薪、能夠晉升主管的辛苦願望。

相信本書是行銷、企劃、營業上班族朋友們自我升級及未來晉升主管的最佳夥伴書籍；也是中小企業老闆們、經營者們的最佳指引明燈書籍。

三、為什麼要閱讀本書？

你知道下列知名品牌為什麼會經營成功？為什麼會行銷成功嗎？這些品牌及公司包括：

統一企業、統一超商、全聯超市、P&G、Unilever（聯合利華）、台灣花王、麥當勞、台灣松下（Panasonic）、日立家電、Dyson家電、SOGO百貨、新光三越百貨、Costco（好市多）、好來牙膏、樂事洋芋片、桂格、白蘭氏、和泰（TOYOTA）汽車、光陽機車……等好幾百個成功的大品牌及突圍的小品牌，它們的行銷成功，都綜合歸納在本書萃取出來的、最精華的「72個黃金法則」內。

四、結語

本書能夠順利出版，衷心感謝五南出版公司的主編及編輯們的用心投入；也感謝廣大年輕上班族及廣大在大學上課的老師們與學生們，由於您們對行銷知識與行銷實務經驗的廣大需求及心聲，才使得作者能夠奮鬥不懈、永不停息的在這20多年來寫下了、出版了30多本行銷及企管方面的知識書籍及商業書籍，謝謝您們大家。也祝福所有廣大我不認識、但都很上進努力的讀者朋友們，在您們未來的一生中，都能擁有一個：成長的、成功的、健康的、用心的、加薪的、晉升的、振奮的、欣慰的、驚喜的、財務自由的、平安的、順利的與美好回憶的人生旅程，在每一分鐘歲月中。感恩大家、祝福大家、謝謝大家。

作者
戴國良
於台北
mail:taikuo@mail.shu.edu.tw

目　錄

第一篇
黃金72法則

黃金法則 1

找到市場缺口，切入市場缺口

找到市場缺口，切入市場缺口

一、切入市場缺口，開創新商機

企業做成功的行銷，首要關鍵點，就是要找到市場缺口，然後快速、有效的切入市場缺口，就可挖掘到新的商機，創造出更多成長營收及獲利。

圖1-1　切入市場缺口，開創新商機

二、成功案例

茲列舉近年來，能有效找到市場缺口，並快速切入市場缺口的企業，如下：

1. 6年前，foodpanda及Uber Eats成功切入美食快送市場缺口。
2. 17年前，Apple的iPhone手機，成功切入智慧型手機市場缺口。
3. 5年前，Tesla（特斯拉）率先成功切入電動車市場缺口。
4. 20年前，日本Sony電視機首先成功切入大尺吋液晶電視機市場缺口。
5. 30年前，有線電視台（TVBS、三立、東森、民視、中天、年代、八大、非凡）成功切入台灣的電視開放缺口。
6. 8年前，大金率先切入變頻省電冷氣機市場缺口。
7. 8年前，統一7-11率先投入超商大店化改革，成功切入大店化市場缺口。
8. 15年前，統一超商成功切入CITY CAFE 24小時低價咖啡之市場缺口。
9. 8年前，虎航率先成立廉價航空公司，成功切入低價航空市場缺口。
10. 8年前TOYOTA成功切入休旅車市場缺口。
11. 6年前，三井Outlet成功切入台灣大型Outlet二手精品購物中心之市場缺口。
12. 8年前，跟著董事長遊台灣的高端、高價旅行社成功運作，成功切入高端旅遊市場。

13. 13年前，Apple的iPad成功切入平板電腦市場缺口。
14. 25年前，全聯超市快速展店，成功切入平價超市的市場缺口。
15. 20年前，美式量販店Costco（好市多）成功切入台灣市場缺口。
16. 2年前，白鴿洗衣精率先推出抗菌、抗病毒洗衣精的市場缺口。
17. 12年前，舒酸定牙膏成功率先推出抗敏感性牙膏的市場缺口。
18. 5年前，豆府餐飲集團率先推出韓式料理餐廳，成功切入韓式口味餐廳之市場缺口。
19. 5年前，五南出版社率先推出圖解書，成功切入專業用的圖解書系列。
20. 12年前，統一企業率先推出陽光無糖豆漿，切入豆漿市場缺口。
21. 10年前，民視連續劇《娘家》，率先推出保健產品，成功切入大紅麴、益生菌、滴雞精保健市場缺口。
22. 5年前，恆隆行率先代理英國Dyson吸塵器，第一家切入高檔、高價位吸塵器市場缺口。
23. 7年前，王品餐飲集團率先推出石二鍋，成功切入平價小火鍋連鎖店。
24. 10年前，欣葉、饗食天堂、漢來海港成功切入中價位吃到飽自助餐餐廳之市場缺口。
25. 20年前，統一企業茶裏王飲料率先推出無糖茶飲料，成功切入無糖市場缺口。
26. 5年前，momo網購成功切入網購超商店取之市場缺口。

三、如何做到？

要有效果成功切入市場缺口，必須責成公司內部行銷企劃部或企劃部，負起專責搜尋及觀察各種可能的市場缺口，提出每月市場缺口分析報告；然後，由高階主管下達裁示，並由業務或營運部門負起後續執行事宜。

圖1-2　成功切入市場缺口26個案例

1.美食快送市場缺口	2.智慧型手機市場缺口	3.電動車市場缺口	4.大尺吋液晶電視機市場缺口
5.有線電視台市場缺口	6.變頻省電冷氣機市場缺口	7.超商大店化市場缺口	8.超商低價咖啡市場缺口
9.低價航空市場缺口	10.休旅車市場缺口	11.Outlet二手精品中心市場缺口	12.高端、高價旅遊市場缺口
13.平板電腦市場缺口	14.平價超市市場缺口	15.抗敏感牙膏市場缺口	16.抗菌、抗病毒洗衣精市場缺口
17.美式量販店市場缺口	18.韓式餐飲市場缺口	19.圖解書市場缺口	20.無糖豆漿市場缺口
21.保健品市場缺口	22.高價吸塵器市場缺口	23.平價小火鍋市場缺口	24.中價位自助餐餐廳市場缺口
25.無糖茶飲料市場缺口	26.網購貨到店取市場缺口		

• 成功切入市場缺口，創造新商機、新營收、新獲利。

黃金法則 2

競爭是動態的，必須每天洞察及應變

競爭是動態的，必須每天洞察及應變

企業每天要營運，每天就是會面對動態性的競爭（Dynamic Competition），因此，必須每天深入加以洞察及應變。

圖2-1　競爭是動態的

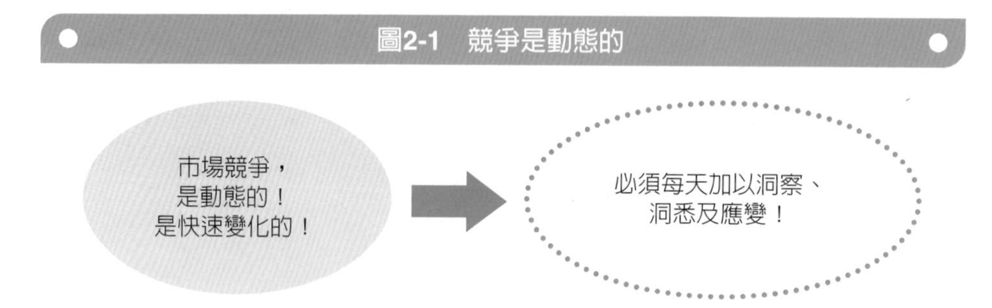

一、企業面對哪些動態性競爭

企業面對的動態性競爭主要來自競爭對手，有下列29項：

1. 產品改良、升級競爭。
2. 新產品推出競爭。
3. 價格變動、降價競爭。
4. 新促銷活動競爭。
5. 電視廣告費大舉投入競爭。
6. 通路上架競爭。
7. 大舉展店競爭。
8. 重量級藝人代言人競爭。
9. 業態改變競爭。
10. 跨業競爭。
11. 製造成本下降競爭。
12. 差異化、特色化競爭。
13. 技術突破競爭。
14. 市占率變化競爭。
15. 產品組合競爭。
16. 每月銷售量變化競爭。
17. 顧客爭奪戰競爭。
18. 代理品牌競爭。
19. 店型改變競爭。
20. 專櫃改變競爭。
21. 業務人員、銷售人員、團隊組織改變競爭。
22. 館內、店內裝潢升級競爭。
23. VIP鞏固競爭。
24. 多品牌推出競爭。
25. 大量網紅行銷競爭。
26. 公益形象競爭。
27. 在地化／本土化競爭。
28. 庶民低價行銷競爭。
29. 新品牌進入加深競爭。

圖2-2　企業每天面對激烈的動態競爭29項

1.產品改良、升級競爭

2.新產品推出競爭

3.價格降價、變動競爭

4.新促銷活動競爭

5.電視廣告費大舉投入競爭

6.通路上架競爭

7.大舉展店競爭

8.重量級藝人代言競爭

9.業態改變競爭

10.跨業競爭

11.成本下降競爭

12.差異化、特色化競爭

13.技術突破競爭

14.市占率變化競爭

15.產品組合競爭

16.每月銷售量變化競爭

17.顧客爭奪戰競爭

18.代理品牌競爭

19.店型改變競爭

20.專櫃改變競爭

21.銷售團隊改變競爭

22.館內、店內裝潢升級競爭

23.VIP鞏固競爭

24.多品牌推出競爭

25.大舉KOL行銷競爭

26.公益形象競爭。

27.在地化／本土化競爭

28.庶民低價行銷競爭

29.新品牌進入加深競爭

對企業既有的營運、既有業績、既有獲利、既有市占率、既有品牌排名，都會產生強烈的衝擊及改變，必須做好因應變化的準備。

二、企業面對對手激烈競爭的應對措施

企業面對強大競爭對手的激烈且動態競爭，應有哪些作法：

（一）成立跨部門聯合工作小組

企業內部應成立跨部門應對競爭的聯合工作小組，由公司總經理負責，並由業務部、行銷部、商品開發部、技術部、工廠部、採購部、物流部、客服部、資訊部、企劃部、法務部……等組成工作小組，專責負責。

（二）每天偵測、觀察、分析及快速應變執行

成立聯合工作小組之後，就必須責成上述各部門人員，每天用心偵測、觀察、搜集、分析及快速應變執行，才能有效應對強大的動態競爭威脅，鞏固我們公司既有的市場地位及每日銷售業績。

圖2-3　如何應對動態的激烈競爭

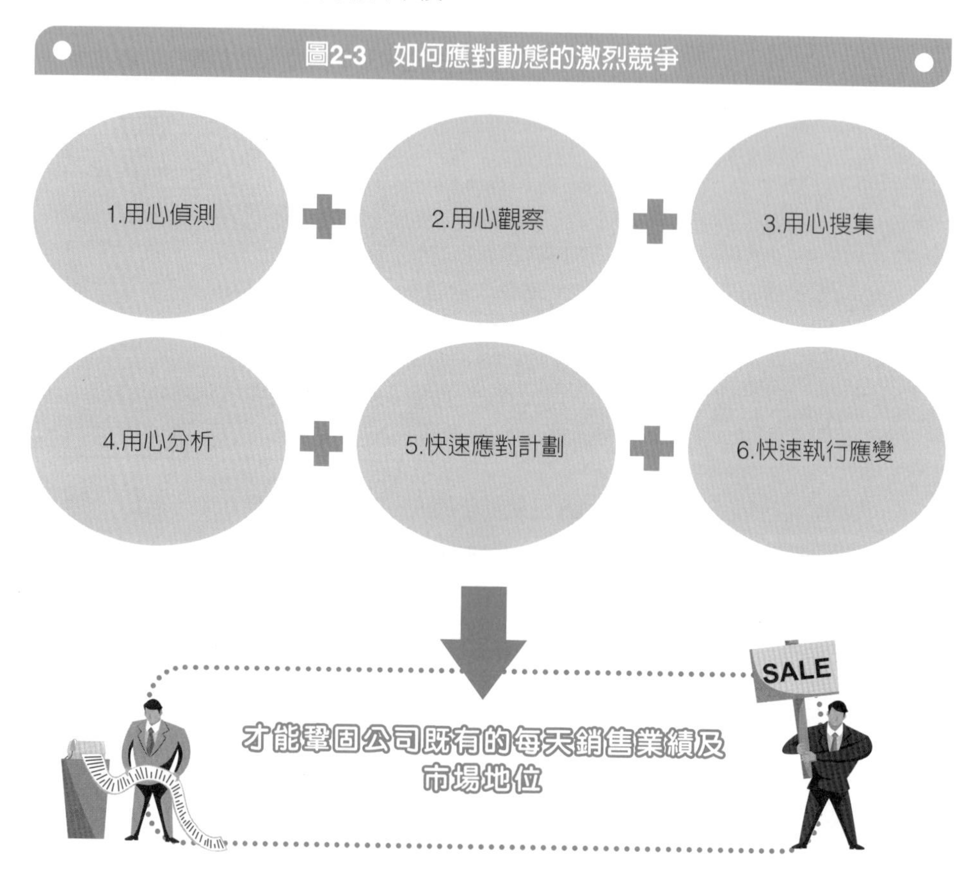

黃金法則 3

保持成長型企業，落實績效行銷

保持成長型企業，落實績效行銷

一、企業營運重要18項成長指標

任何企業營運，最重視的就是成長的營運指標，企業一旦沒有成長，就會落後競爭對手並且衰退。企業重要的營運成長指標有下列18項：

1. 每月、每年「營收額」成長指標。
2. 每月、每年「獲利及EPS」成長指標。
3. 每月、每年「市占率」成長指標。
4. 每月、每年「品牌排名」成長指標。
5. 每月、每年「店數」成長指標。
6. 每月、每年「通路據點數」（實體＋網購）成長指標。
7. 每年「品牌資產價值」成長指標。
8. 每年「顧客滿意度」成長指標。
9. 每年「新產品開發／上市成功」數量成長指標。
10. 每年「產品組合增強」成長指標。
11. 每月、每年「製造生產良率」成長指標。
12. 每年「技術創新數」成長指標。
13. 每月、每年「客單價、來客數」成長指標。
14. 每月、每年「宅配物流速度」成長指標。
15. 每年「每人創造營收額」成長指標。
16. 每年「廣告效益」提升成長指標。
17. 每年「官方FB、IG粉絲人數及互動率」成長指標。
18. 每年顧客「回購率、回店率、回流率」成長指標。

二、如何做到、做好成長型企業？

企業到底如何才能做到成長型企業？主要有下列6點：

（一）訂定KPI指標

企業每年針對上述18項成長指標，應該訂定該年度應達成的KPI指標，做為策進大家努力的目標。

（二）訂定對的策略及方向

企業高階主管群，每年年初時，就應該訂定對公司正面／有利的發展總方向及總策略，千萬不能走錯方向。

（三）物質及心理獎勵員工

企業必須儘可能用各種物質面及心理面，大力獎勵全體員工，鼓舞他們更加發揮潛能，達成成長目標。物質面的獎勵，包括：調薪（加薪）、年終獎金、紅利獎金、業績獎金、升遷職稱……等。

（四）掌握外部環境變化

企業任何一個部門，都必須好好洞悉、洞察、掌握、抓住、因應任何外部環境有利及不利的變化及趨勢，才能有成長好契機。

（五）朝長期願景邁進

企業最高階應訂定公司20年、30年後的長期終極願景，而激勵全體員工努力朝此願景目標，戮力不懈，不達目標絕不中止。

（六）全體員工更加努力

最後，公司全體員工必須更加努力、更加用心、更加主動積極的，在每個部門都能做出好成績、好績效出來。

圖3-1　如何做到成長型企業6大要點

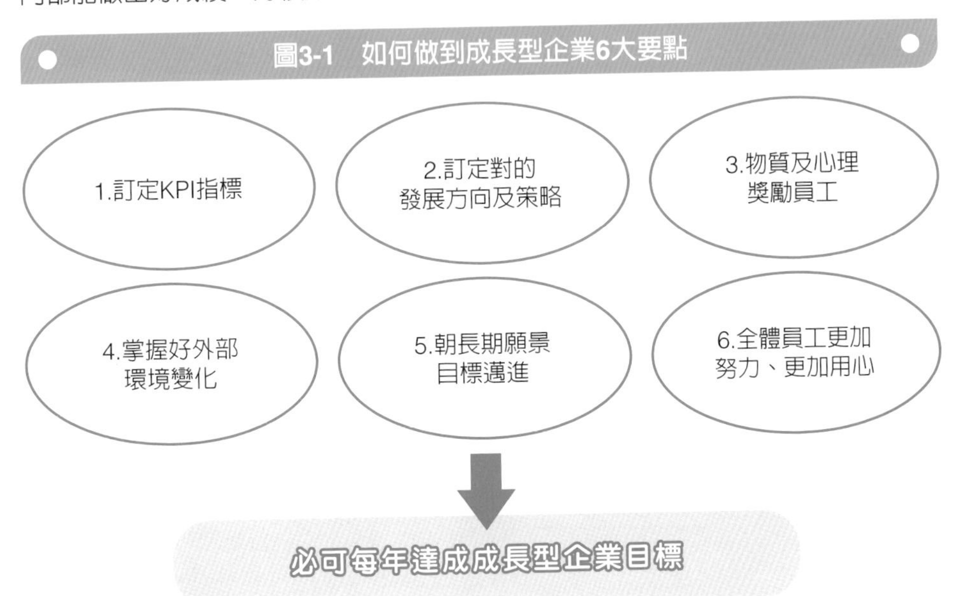

MEMO

黃金法則 4

不要做跟隨者，要做消費趨勢的創造者

不要做跟隨者，要做消費趨勢的創造者

一、做消費趨勢創造者，才能打開獲利之門

在行銷上，品牌廠商、零售業者或服務業者，必須認知到，在市場彼此競爭上，儘可能不要做後面老二、老三、老四的跟隨者；而應盡最大努力，做整個市場及消費趨勢的創造者及創新者，才能打開為企業獲取更大利潤之門。換言之，要大膽做「先行者」（first mover）及「創造者」，才是行銷致勝的最核心關鍵。

圖4-1　企業要做消費趨勢的創造者、創新者、先行者

企業應努力做：消費趨勢的創造者、創新者及先行者 → ・才能打開豐厚利潤之門 ・才能領航市場 ・才能成為市場第一品牌

二、消費市場創造的成功案例

茲列舉在行銷上，能夠在消費市場創造的成功案例：

1. Uber Eats及foodpanda的美食快送的成功。
2. Costco（好市多）引進美式量販店的成功。
3. 統一超商的國民便當、CITY CAFE、網購店取、ibon買票、大店化的成功。
4. 日系優衣庫（Uniqlo）平價國民服飾的成功。
5. 寬宏藝術公司引進國外各種展演團體在小巨蛋的表演活動成功。
6. 石二鍋平價小火鍋連鎖店的成功。
7. 大樹藥局連鎖店因應老人化環境變化的成功。
8. 全聯超市近20多年來，快速展店1,200家的奇蹟成功。
9. 全聯推出阪急麵包、We sweet甜點、美味屋滷味等自有品牌產品的成功。

10. Dyson高端吸塵器及吹風機的成功。

11. 手機LINE通訊軟體創造的成功。

12. iPhone 4G、5G智慧型手機的成功。

13. Google關鍵字搜尋的成功。

14. 社群媒體FB、IG、YT的成功。

15. 跟著董事長遊台灣高檔旅遊公司的成功。

16. 三井Outlet二手精品購物中心的成功。

17. Gogoro電動機車的成功。

18. Sony大尺吋液晶電視機的成功。

19. 大金變頻省電冷氣機的成功。

20. 王品／瓦城多品牌餐飲連鎖店的成功。

21. 50嵐、大苑子手搖飲連鎖的成功。

22. 抗菌、抗病毒洗衣精、洗碗精的成功。

23. Tesla（特斯拉）電動車的成功。

三、如何做到消費趨勢創造者、領先者？

企業到底要如何才能做到消費趨勢的創造者、領先者？主要有3點：

（一）責成負責部門

企業應該責成——商品開發部、研發部、設計部、業務部、行銷部、採購部、製造部、企劃部……等8大部門共同負起對消費趨勢創造及創新的共同責任並且分工推動。

（二）掌握變化與需求

接著，企業就是要快速且及時或預測到整體市場及消費環境的變化，以及確實抓到消費者未來可見或不可見的潛在需求性及需要性。

（三）不斷測試，在測試當中找到成功

再者，企業必須不斷推出新產品、新服務、新店型、新商業模式，以測試市場接受度及需求性；然後，在不斷市場測試中，找到成功的缺口及出口所在。

圖4-2　如何做到消費趨勢的創造者及領先者

1.責成相關部門共同負責及實踐

2.做好掌握環境變化及偵測消費者潛在需求

3.不斷測試推出新產品、新服務、新店型，在測試中，找到成功出口

- 終能打開消費趨勢創造、創新出口，引進可觀獲利
- 可持續領導市場，成為市場第一品牌地位

黃金法則 5

價值行銷（Value Marketing）

- 你是要賣產品，還是賣價值？
- 不是看價格高低，而是看價值有無

價值行銷（Value Marketing）

一、「價值行銷」能帶來高利潤

行銷智慧的第一條黃金法則就是「價值行銷」（Value Marketing）。高價值行銷就能帶來高價格定價，高價格就能帶來高利潤，高利潤就是卓越企業及卓越行銷追求的終極目標之一。

圖5-1　「價值行銷 」帶來高利潤

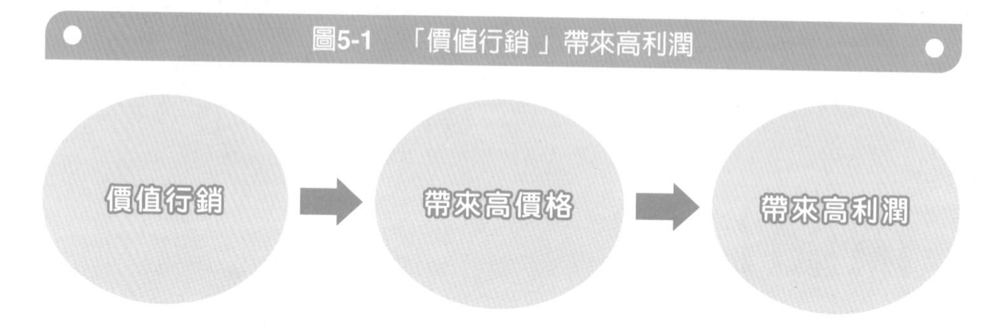

二、「價值行銷」的成功案例

茲列舉幾個在市場上，高價值行銷的成功品牌：

1. Dyson吸塵器
2. iPhone 16 Pro手機
3. Tesla（特斯拉）電動車
4. 大金冷氣
5. 象印電子鍋
6. 捷安特高價自行車
7. 君悅大飯店自助餐
8. 勞斯萊斯／賓士豪華轎車
9. Sisley／海洋拉娜保養品
10. 台北101精品百貨公司
11. 台北帝寶豪宅
12. 橘火鍋店
13. 勞力士／百達翡麗手錶
14. LV/HERMÈS/GUCCI高級精品皮包
15. Sony液晶電視
16. Panasonic電冰箱
17. 台積電5奈米／3奈米／2奈米／1奈米晶片
18. 大立光手機鏡頭

三、「價值」產生的10大來源

價值行銷的高價值產生來源，實務上可包括：

1. 原料價值（採用高級、頂級的原料來源）
2. 製程價值（採高級、自動化、AI智能、先進最新設備及精緻的製造流程）
3. 技術價值（採用先進技術、尖端技術、突破性技術所帶來的價值）
4. 包裝價值（採用高質感的內包裝及外包裝所帶來的價值）
5. 設計價值（採領先時代、時尚、流行感且獨特風格的設計所帶來的價值）
6. 品質價值（不管在使用性、功能性、耐久性，都能展現高品質、極致品質、尖端品質的價值感出來）
7. 功能價值（具備更多、更先進、更好用的功能／性能所產生的價值性）
8. 品牌價值（具有100年、150年消費者所信任、信賴與仰望的尊榮品牌價值感）
9. 口碑價值（當大家都說好的時候，就是口碑價值形成的時候）
10. 媒體報導價值（當報紙、電視新聞台、雜誌、網路新聞都大幅正面報導的時候，宣傳的價值感就浮現出來）

圖5-2 「價值」產生的10個來源（如何提高附加價值）

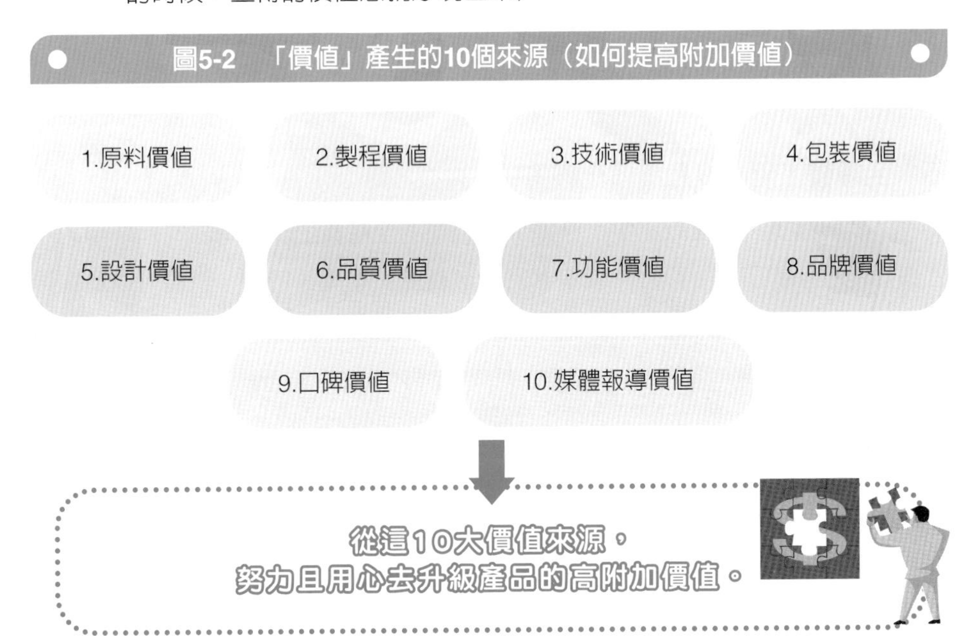

四、價值行銷的相關類似用語

價值行銷常用的類似用語與觀念，如下：

價值行銷
＝價值主張
＝價值認同
＝價值訴求
＝品牌價值
＝產品價值
＝高值化行銷
＝創新價值

圖5-3　「價值行銷」常用的類似用語

1.價值行銷	2.價值主張	3.價值訴求	4.價值認同
5.品牌價值	6.產品價值	7.創新價值	8.高值化行銷

↓

1.可強化產品的長期市場競爭力
2.可提高產品定價及提升獲利水準
3.努力用心做好長期價值行銷

五、全體員工用心投入高值化經營

「價值行銷」的極致產生，必須仰賴公司的全體員工及所有部門都能用心投入高值化經營的研發、設計、製造、品管、倉儲、物流、行銷、銷售，以及售後服務……等所有營運流程的具體工作。

圖5-4　全體員工投入高值化經營

・全體員工
・所有部門

→

・投入／用心高值化經營
・創造更高附加價值

黃金法則 

堅持高品質（High Quality）

- 品質是產品力的核心所在。也是一條沒有終點站的路程
- 要永遠堅持高品質
- 堅持好品質，做到100分

堅持高品質（High Quality）

一、高品質的重要性

品牌廠商堅持產品與服務的高品質，是非常重要的一件事。因為，沒有高品質的產品，顧客買了／用了第一次後，心中就會抱怨，就會不滿意，也就不會再購買第二次，而且會把壞口碑傳播出去。相反的，如果品牌廠商的產品及服務，都能夠保持高品質，則必然能夠帶來如下好處：

1. 帶來顧客滿意度會高。
2. 在顧客心中／口中，會有好口碑。
3. 顧客日後的回購率／再購率／回店率必會提高。
4. 若有高品質，對廠商來說，也會減少／降低售後維修及服務的成本。
5. 帶來顧客對該品牌良好信任度及忠誠度，更可提高品牌資產價值。

圖6-1　堅持高品質的5大重要性／好處

1.顧客滿意度會高

2.顧客心中會有好口碑

3.顧客日後的回購率、再購率也會提高

4.會降低廠商日後的維修服務成本

5.帶給品牌更高的信任度及忠誠度，並且提高品牌資產價值

二、堅持／做到高品質的品牌及公司成功案例

茲列舉下列幾十家堅持做到高品質、好品質的成功案例，如下：

圖6-2　成功案例

1.Sony家電	2.Panasonic家電	3.日立家電	4.象印家電	5.大金冷氣
6.禾聯本土家電	7.光陽／三陽機車	8.iPhone手機	9.三星手機	10.台積電先進晶片（五奈米、三奈米、二奈米）
11.ASUS／acer筆電	12.瓦城／王品／豆府／乾杯／饗賓／築間／漢來餐飲集團	13.捷安特自行車	14.國泰建設（預售屋）	15.永慶／信義房仲公司
16.統一／味全／金車／聯華／義美食品／飲料公司	17.愛之味／桂格食品公司	18.君悅／晶華大飯店	19.娘家／老協珍／葡萄王／善存／台塑／生醫／五洲製藥等保健品公司	20.台大／台北榮總／林口長庚大型醫院

三、成立「200分品管小組」

品牌廠商組織內部應成立「200分品管小組」，誓言堅定做出高品質、好品質、穩定品質、良率高的好產品出來。這個小組，主要由：

（一）主要負責：品管部。

（二）協力單位：製造部、設計部、採購部、研發部、商品開發部、技術部、營業部、行銷部、物流倉儲部、售後服務部……等近十個部門，共同組成專案小組，專責此事，才會真正做好高品質一事。

圖6-3　成立品管小組

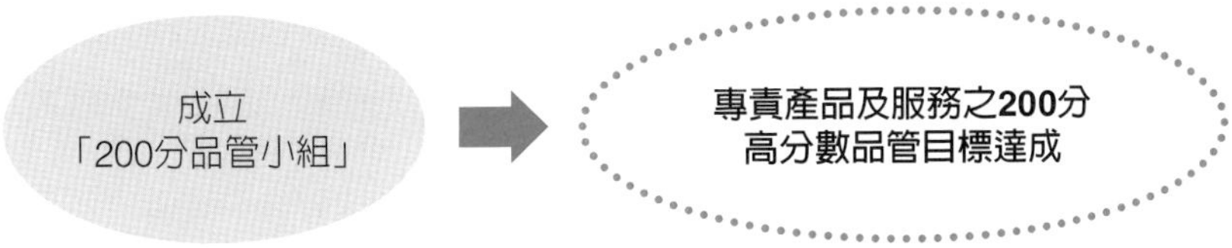

成立「200分品管小組」 → **專責產品及服務之200分高分數品管目標達成**

四、制訂嚴格SOP

成立「200分品管小組」後，接著就要制訂嚴格的品管稽核監督的標準作業流程（SOP），以各種制度、規章、流程、人力等落實對產品品質的嚴格性／全面性監督及查核。有些嚴格的品管SOP制度，才能保證做出真正200分的優質、優良、高品質出來。

五、落實賞罰分明規章

接著，要對品管的結果，給予明確的賞罰分明的激勵獎金核發。針對高科技產品良率不斷提升，針對家電、3C、消費品、耐久財（汽車／機車）……等品質客訴及品質維修服務大幅減少的各種好的狀況，公司都必須依照規章及時給予「品管激勵獎金」，以鼓勵相關部門對落實高品質、零客訴率、高良率的奉獻及努力之肯定獎勵。

圖6-4　落實200分高品質的6個重要環節／要因

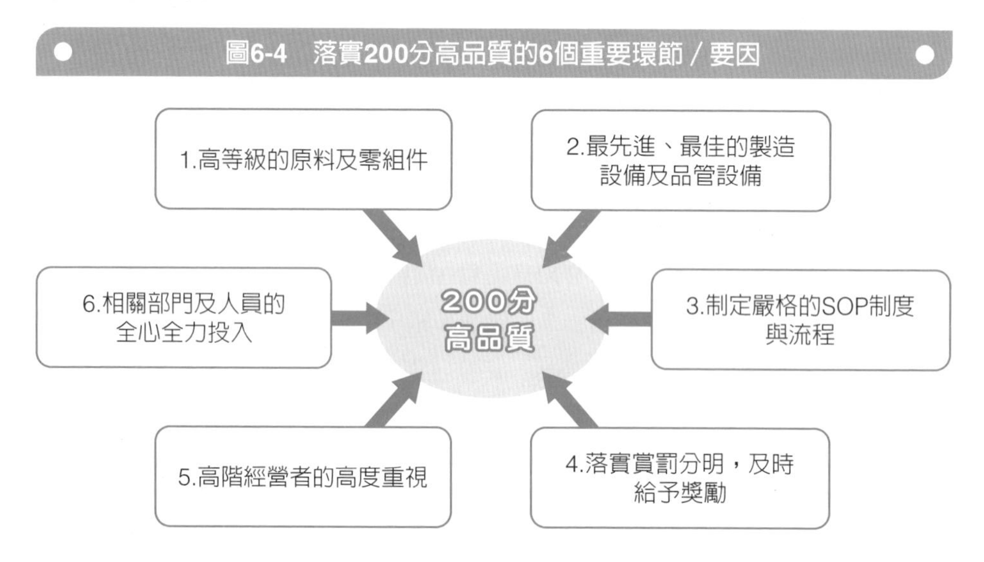

六、落實／做到200分高品質的6個重要要因／環節

如上圖所示，品牌廠商要做到200分高品質產品，應具備6個重要環節：

1. 要買到高等級的原料及零組件，或是半成品。
2. 要有最先進、最好、最新的製造設備及品管設備。
3. 要制定嚴格／嚴謹的SOP制度與流程。
4. 要落實賞罰分明，及時對200分品管長期達成的有功小組成員及部門的品管，給予獎金激勵肯定。

5. 高階董事長、總經理、廠長及各部門副總，都要對高品質有一致性／堅定性的認知才行。

6. 最後，相關「200分品管小組」的成員及部門全體員工也都要全心全力投入，為不斷提高品質水準而長期用心及努力。

七、強化「品質第一」、「品質是生命」的員工信念

最後，品牌廠商必須對公司數百、數千、數萬名第一線員工及幕僚人員，強化二個重要公司信念，即：

1. 品質第一。
2. 品質即生命。

能夠如此，在「信念」＋「具體作法」＋「投入人力」＋「設備配合」……等四個面向努力之下，必可長期達成及保持「200分產品高品質」終極目標。

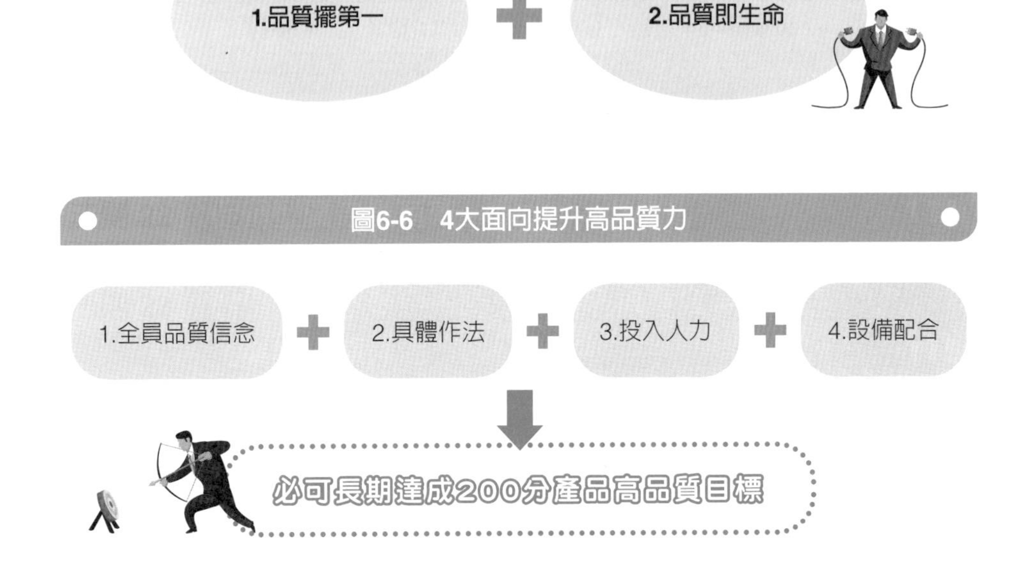

MEMO

黃金法則 7

抓住需求三段

- 發現需求→滿足需求→創造需求，就是掌握需求三段
- 市場／顧客需要什麼，我們就提供什麼

抓住需求三段

一、從「發現需求」開始

做行銷要成功，有個很重要的關鍵要訣，那就是行銷人員要對「發現需求」有敏銳的眼光及感覺，才能從其中，抓到需求的新商機、新契機。有幾個實例，說明如下：

（一）老年化社會的市場需求浮現

台灣與日本、韓國一樣，已逼近老年化社會，65歲以上人口，即將占全部2,300萬人口的1/4（25%），總計有近500萬65歲以上的廣大老人市場。

這巨大老人市場，最需求的就是藥品及保健品產品，因此，近五年來，各大廠商都推出各類品牌的保健品，包括：益生菌、葉黃素、魚油、維他命A/B/C、滴雞精、卵磷脂、保護骨骼、保肝、防攝護腺……等數十種保健品牌產品。

（二）注重健康需求浮現

現在45歲以上的中年人、壯年人，都開始注重健康，因此，品牌廠商就推出了：低脂鮮奶、無糖豆漿、無糖綠茶／紅茶、素食便當、連鎖藥局也不斷出現。

（三）貧富差距大需求浮現

現在年輕人上班普遍薪水低，全台月薪3萬元以下的上班族總計有200萬人之多，月薪4萬元以下的有300萬人之多，這群低薪年輕人口，需要的是低價、平價、親民價格的產品。因此，現在廉價航空、廉價超市、平價服飾店、平價網購、低價團購……等需求也大幅增加。

（四）外食需求浮現

每天全台1,000萬人口的上班族中午都必須在外面解決吃的需求，因此，超商的鮮食便當愈做愈好，西式速食連鎖店、早餐連鎖店、火鍋連鎖店、手搖飲連鎖店、中餐台式連鎖店、麵食連鎖店、大飯店自助餐廳……等外食需求也大量增加，成為很好的新商機。

圖7-1　四大需求商機浮現及成長

1. 老年化社會保健品及藥品需求浮現	2. 注重健康需求浮現	3. 貧富差距大需求浮現	4. 外食需求浮現

二、如何做到發現需求與滿足需求？

企業要如何才能提早發現顧客需求，以及滿足顧客需求？主要有下列五種作法可參考：

（一）成立專責部門及人員

1. 成立「消費者研究中心」。
2. 或是，成立「市場脈動研究中心」。
3. 或是，成立「環境趨勢研究中心」。

（二）成立「跨部門小組」

由行銷部、業務部、商品開發部、企劃部、研發部、設計部、客服部……等組成「跨部門小組」，並由行銷部主責。

（三）召開會議

不管是專責部門或是跨部門小組，都應每月定期召開一次會議，由專責單位及主管提出分析報告及討論，並由決策高層最後裁示。

（四）多做市調研究

為了早期／提早發現及抓住顧客潛在需求，品牌廠商應該透過正式委外市調及自己市調，以科學化數據結果去發現潛在需求。這些市調，可能包括：質化市調或量化市調，都可以用多種方法，並查證、去分析、去發現顧客的潛在／內在需求。

（五）要求各主管多注意消費者及環境的變化

因這些消費者及環境的變化，就會引致顧客內在需求的變化及發展。

圖7-2　如何做到發現顧客潛在需求

1.成立專責部門及人員（消費者研究中心）

2.成立「跨部門小組」

3.每月定期召開會議

4.多做市調研究

5.要求各主管多注意消費者及環境的變化

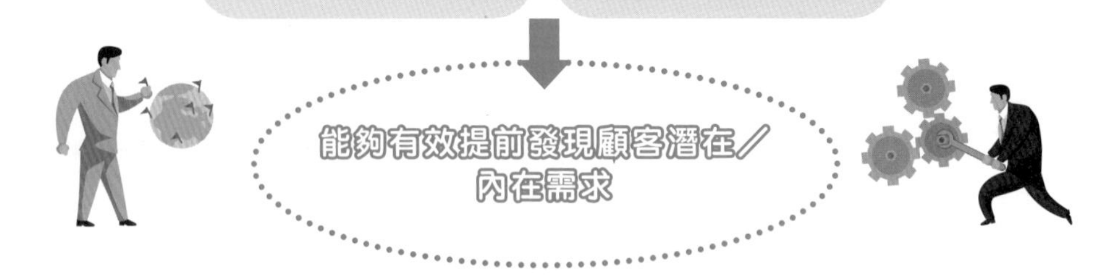

三、抓住需求改變的脈動

行銷人員不僅要提早發現顧客潛在內心需求，另一方面，也要及時抓住顧客「需求改變的脈動」才行。下面是近幾年來幾個「需求改變脈動」的實例：

（一）洗髮精、洗衣精、洗碗精的配方改變

現在因這三年新冠疫情關係，配方功能都強調：抗菌、抗病毒的功能，結果都賣得很好。

（二）住宅地點需求的變化

因為台北市區房價太高，結果年輕人買房子的需求，轉移到新北市、桃園市及新竹市。這也是一種顧客需求改動的脈動。

（三）汽車類型需求脈動的改變

從過去一般的汽車改變為對休旅車需求的大幅增加；以及，以前是國產車占多數，現在則是歐洲進口車反而賣得很好，占比也大幅上升。這些也都是顧客需求改變的脈動。

圖7-3　顧客需求改變脈動的成功案例

1. 洗衣精、洗碗精、沐浴乳加入抗菌、抗病毒配方的需求脈動改變

2. 休旅車及歐洲進口車銷售量大增的需求脈動改變

3. 年輕人買屋地點轉移到新北市、桃園市、新竹市的需求脈動改變

四、要快速滿足需求

發現顧客需求之後，接著就要：

1. 機動性高的。
2. 彈性大的。
3. 速度快的。

推出相關可以滿足顧客需求的新產品／改良產品及新服務，滿足顧客需求、期待及等待，才能取得新商機，創造新營收及新獲利。

圖7-4　要快速、機動、彈性滿足顧客及市場需求

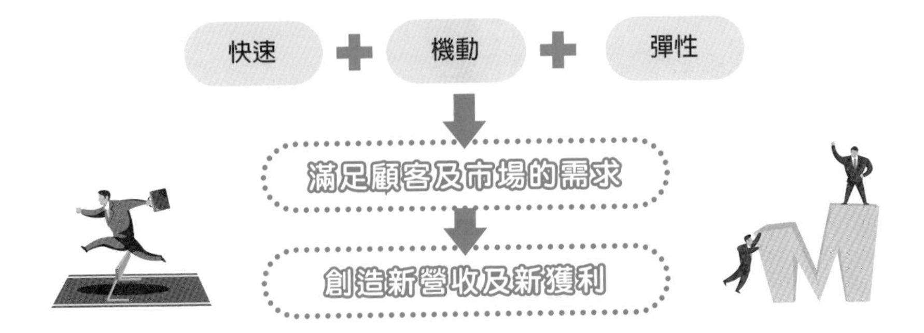

五、創造需求最難

品牌廠商想要「創造需求」是最難，要無中生有，而創造出顧客有這個需求，那是不容易的。但是，過去幾年來，也有廠商成功的創造需求。如下幾個實例：

1. iPhone智慧型手機（Apple公司）

2. LINE手機通訊軟體
3. FB/IG社群平台
4. YouTube影音平台
5. 電動車（Tesla〔特斯拉〕首創）
6. CITY CAFE（7-11咖啡）
7. Outlet（三井）（二手名牌精品購物中心）
8. 超商鮮食便當改良化
9. 超商大店化
10. 超市連鎖化（全聯）
11. 手搖飲連鎖化
12. 新聞網站

六、總結

如上所述，品牌廠商要好好掌握需求三段，即要做好：

1. 提前：發現需求
2. 快速：滿足需求
3. 積極：創造需求

就能穩穩抓住顧客的心，就能提高營收、提高獲利、提高市占率。

圖7-5　好好掌握／抓住顧客需求三段

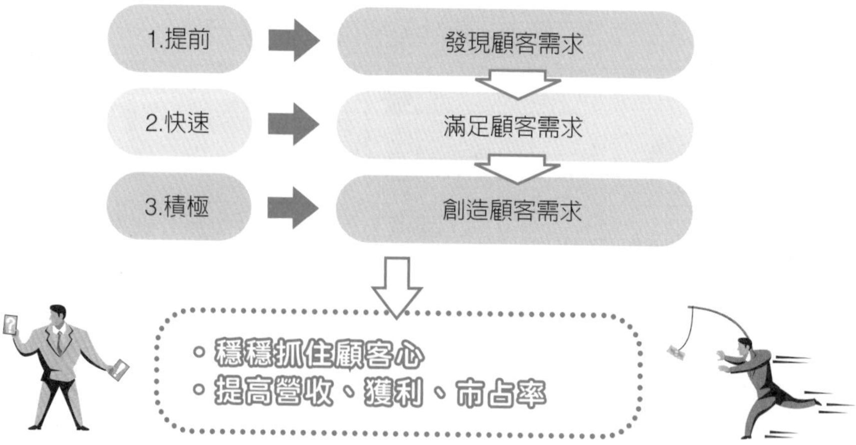

1.提前 → 發現顧客需求
2.快速 → 滿足顧客需求
3.積極 → 創造顧客需求

○ 穩穩抓住顧客心
○ 提高營收、獲利、市占率

黃金法則 8

堅定創新：從挖掘顧客內在需求做起

- 不創新，即死亡（彼得·杜拉克大師名言）
- 創新，就像在黑暗隧道中看見曙光
- 創新，是人類進步的原動力
- 唯有創新，才能滿足不斷變化中的顧客需求
- 唯有不斷創新，才能不斷存活下去

堅定創新：從挖掘顧客內在需求做起

一、創新的五大重要性

創新，對企業界及各行各業都是非常重要的。創新，對企業界具有5大重要性；唯有創新：

1. 才能保持領先。
2. 才能持續成長。
3. 才能永續經營。
4. 才能長期存活。
5. 才能保有市場競爭力。

圖8-1　創新的五大重要性

1.才能保持領先

2.才能持續成長

3.才能永續經營

4.才能長期存活

5.才能保有市場競爭力

創新，是企業經營致勝的最大根基

二、創新的核心根基：挖掘顧客內在需求

企業必須將創新放在顧客內在需求上，才會有用處，也才會有成效；不要為了創新而創新，也不要隨便亂創新，還是做了無創意的創新，或是做枝微末節的沒意義創新。

圖8-2　創新的核心根基

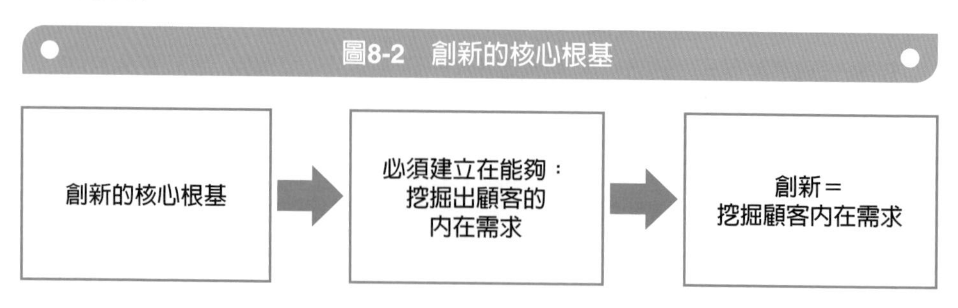

三、有效、有用、成功的創新案例

茲列舉過去企業界有效、有用且成功的創新案例，如下：

1. iPhone智慧型手機
2. iPad平板電腦
3. 手機LINE通訊及其他多種功能
4. Google關鍵字搜尋
5. FB、IG社群媒體平台
6. YouTube影音平台
7. TikTok（抖音）短影音社群平台
8. Tesla（特斯拉）（中國比亞迪）電動車
9. OTT TV（Netflix、Disney＋……）串流影音平台
10. 三井大型Outlet（購物中心）
11. Costco（好市多）美式量販店
12. momo電商（網購）24小時宅配到貨
13. Dyson無線高功能吸塵器。
14. 統一陽光無糖豆漿。
15. 便利商店多樣化的鮮食便當。
16. 蘭蔻小黑瓶保養品（很暢銷）。
17. 統一超商平價CITY CAFE（一年賣3億杯，年營收創造120億元）。
18. 各式手搖飲連鎖店的崛起。
19. 便利商店大店化成功模式。
20. 各式功能保健品崛起（魚油、滴雞精、益生菌、葉黃素、維他命、護肝）。
21. 樂事洋芋片的各種創新口味。
22. 麥當勞各種口味的漢堡。
23. 欣葉、饗食天堂平價自助餐連鎖店。
24. 各大百貨公司年底週年慶人潮擁擠的促銷活動。
25. 花王／專科／肌研日式平價保養品。
26. 含加強鈣及加強葡萄糖胺的新式奶粉。

27. 全聯超市在25年內開拓出1,200家店的第一名超市王國。
28. 從報紙媒體轉型到網路新聞媒體的聯合新聞網及中時新聞網。

四、創新的22個具體方向

企業創新的具體方向，可以說非常的多元化，包括如下圖示的22種創新均是實務上常見的：

圖8-3　創新的具體方向

1.產品創新	2.服務創新	3.技術創新	4.品質創新
5.功能／機能創新	6.廣告手法創新	7.製造／製程創新	8.定價創新
9.通路創新	10.辦活動創新	11.代言人創新	12.設計創新
13.營運模式創新	14.聯名行銷創新	15.體驗行銷創新	16.公益行銷創新
17.會員行銷創新	18.週年慶創新	19.促銷活動創新	20.門市店裝潢創新
	21.專櫃改裝創新	22.引進國外新品牌創新	

五、創新的二種類型

創新主要可以區分為二種類型，包括：

（一）改良式創新

即針對現有狀況，加以改良式、加值式、升級式的創新。企業的90%，大都是屬於改良式創新的。

（二）完全創新

即完全100%加以創新的，為過去所沒有的。例如：美國Apple公司在17年前，創造出來的iPhone、iPad，就是一種100%完全創新的嶄新產品，改革了無線通信產業的大革命，開創了美國Apple蘋果公司過去17年來的黃金盛世時代。

圖8-4　創新的二種類型

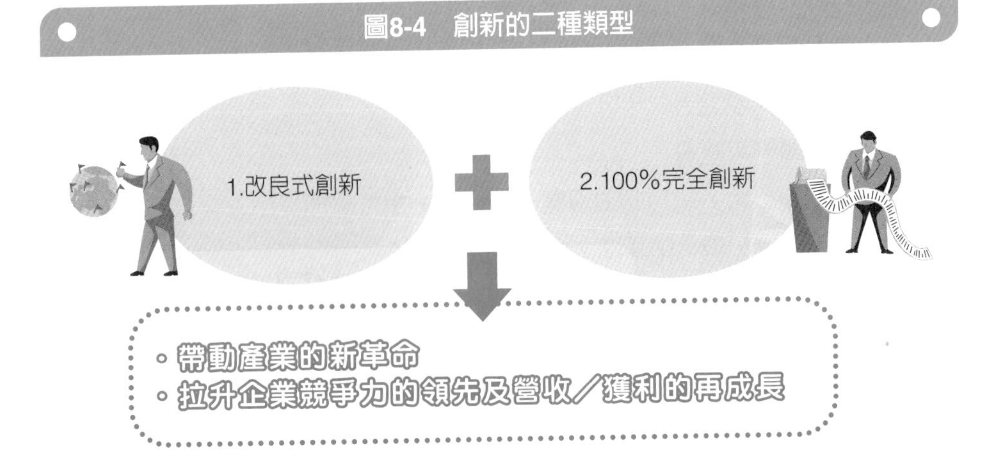

六、創新的二種先後順序

企業創新活動，就先後順序來說，主要有二種：

（一）領先創新

Apple的iPhone手機，美國Tesla（特斯拉）的電動車，台灣台積電在晶圓半導體製造技術……等，均屬於領先創新。

（二）跟隨創新

晶片半導體製造技術上，三星及英特爾（Intel）在五奈米、三奈米、二奈米、一奈米……等先進製程技術上，都是跟隨在台積電後面幾年的。

圖8-5　創新的二種先後順序

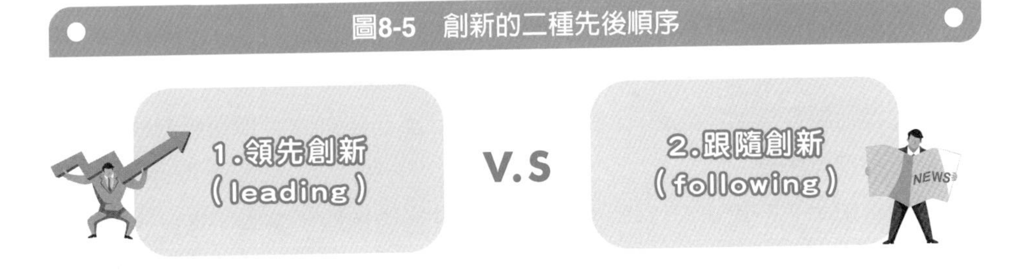

七、如何挖掘顧客內在需求的作法

企業應如何才能挖掘出顧客內在需求的作法，主要在成立一個專責的小組組織，如下：

（一）成立跨部門小組專責

公司內部應該責成：行銷部、業務部、商品開發部、設計部、研發部、消費者研究中心等相關部門，成立一個名為「顧客內在需求探索小組」的組織來專責此事，並以行銷部為小組的執行秘書單位。

（二）每月召開一次會議

公司內部此小組，每月必須召開一次月會，由各部門提出專責報告內容，然後再進行互動討論，最後由高階主管做出指示。

圖8-6　挖掘顧客內在需求的作法

八、如何挖掘顧客內在需求／潛在需求的資料參考依據來源

企業組織內部各部門應具有哪些參考資料的依據來源？主要有下列十種參考資料的來源：

1. 公司內部POS銷售資料系統的各種數據及比例分析。
2. 各大國內／國外綜合性與財經性的報紙及雜誌的報導文章內容。
3. 國外先進國家相關市場、企業產業、產品的最新發展訊息資料。
4. 國內外財經商業電視台的最新報導訊息。
5. 委外市調的專案規劃與執行後，所得到的數據資訊及結論啓示。
6. 進行顧客焦點座談會（FGI，Focus Group Interview）所得到的顧客表達的意見訊息。
7. 客服中心及售後服務中心每天所得到顧客的抱怨、讚美、意見、建議與內心話。
8. 第一線門市店店長、專櫃櫃長、業務員……等意見表達的搜集。
9. 國內／國外專業網站相關訊息的搜集。
10. 國內學者／專家／顧問的意見資料搜集。

黃金法則 9

環境三抓：抓環境變化、抓環境趨勢、抓環境新商機

- 掌握環境變化，就是掌握企業生存的未來
- 看清環境變化，就能看清自身的變化
- 能夠快速因應環境變化，才能使企業屹立不搖
- 做好三抓，就能提高企業競爭力

環境三抓：抓環境變化、抓環境趨勢、抓環境新商機

一、何謂環境三抓？

外部環境的任何變化與改變，都會對企業的經營，產生重大有利或不利的影響，企業高階經營團隊，必須冷靜、快速、審慎、周全的看清這些環境變化，並且能夠快速因應變化，做出對的因應決策及應變作法、計劃及人力調整、政策改變，才能夠好好的存活下去。所謂「環境三抓」就是要：

1. 抓住環境的變化（Change）
2. 抓住環境的趨勢（Trend）
3. 抓住環境的新商機（New Opportunity）

圖9-1　環境三抓

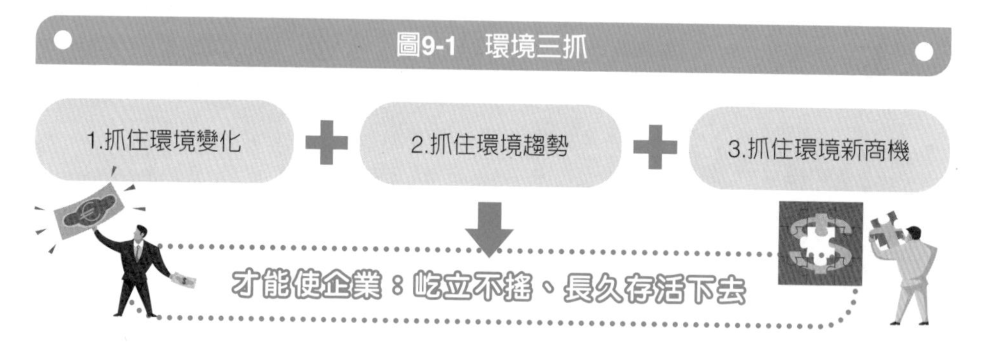

二、近幾年來經營環境的21項變化與趨勢

近五年來，國內各行各業都面臨著外在經營環境的各種不利及有利環境，茲整理如下21項的環境變化與趨勢：

（一）少子化環境

台灣、韓國、日本、中國……等不少國家都面臨少子化環境的大影響。以台灣為例，50年前的台灣，每年生育人口為40萬人；如今，每年生育人口只剩14萬人，每年少掉26萬新生人口。少掉這麼多人口，對未來的年輕上班人口減少、勞保費繳交人口減少、各行各業消費人口減少、各行各業每年總產值減少……等，都帶來很大的不利影響，這也意味著各行各業的每年營收及獲利成長將更為不易。而且，全台灣每年老年人口的死亡數為18萬人，而新生人口只有14萬人，總人口將逐年減少，總市場規模產值亦將逐年減少。

「少子化」的環境變化，對企業經營及大學經營影響太大了，現在很多末段班大學都已關門，中段班大學已出現招生不足的困境。

（二）老年化環境

台灣現在65歲以上的中老年人口占比，已漸近1/4（約25%）的高比例，走在巷弄之中，老年人真不少。老年化環境變化，帶來不利及有利的變化。不利的變化，就是這個國家的老年人口太多、年輕人口太少，整個企業勞動力恐將不足。而有利的變化，就是老人化社會創造了不少新商機：1.醫藥品市場成長 2.保健品市場成長 3.藥局連鎖店市場成長 4.大型醫院市場成長。以中老年人的保健食品市場為例，這幾年來，在滴雞精、益生菌、葉黃素、維他命、酵素、卵磷脂、補鈣、大紅麴、補充體力飲料、魚油……等產品需求都有大幅度成長，這是廠商新長出的成長業績契機。這些品牌廠商包括：桂格、白蘭氏、亞培、娘家、台塑生醫、五洲製藥、倍健、大研生醫、善存、挺立、三得利、三多……等廠商業績都有不錯的成長率及獲利。

（三）全球新冠疫情環境

自2020～2022這三年來，全球各國都被新冠疫情所困擾，業績生意受到很大不利影響，例如：五星級觀光大飯店、旅行社、遊覽車公司、觀光業、餐飲業、電影院業、服務業……等，都受到業績大幅衰退的不利影響。另外，醫院、醫藥品、疫苗、視訊教學用品……等，則受到有利的影響，而消費者這三年來，則悶了很久，消費力道也降低不少。

（四）科技突破環境

由於高端科技不斷突破，使企業產生出不少的新生意商機：

1. 電動車
2. 5G手機及5G電信服務
3. AI人工智慧應用
4. 機器人
5. 五奈米、三奈米、二奈米、一奈米先進技術的晶片（台積電）
6. 變頻省電技術（例：變頻省電冷氣機、電冰箱、洗衣機……等）
7. 其他尖端科技的應用

（五）外食化環境

現在，外食人口增加很多，自己在家裡煮人口反而減少，這些現象包括：

1. 便利商店的便當、麵食、冷凍品、小火鍋、三明治、麵包、關東煮、飯糰的種類及好吃度，都增加很多。
2. 超市、量販店銷售的外食品也增加很多。
3. 連鎖餐廳、連鎖火鍋店、連鎖鍋貼店、連鎖燒肉店、連鎖速食店等都顯著增加。
4. 大型五星級的自助餐生意顯著增加。

上述這些都顯示出，外食新商機的大幅崛起及快速成長，帶來上述企業很大的成長新商機。

（六）全球政治／軍事環境

2022年爆發的俄烏戰爭、中美科技對立、台積電公司高階晶片半導體移到日本及美國本土去設廠、台海兩岸的政治／軍事危機、北韓的導彈試射、歐洲能源短缺……等，都是因為全球政治與軍事的大幅變化，導致對全球各企業的經濟影響與業績影響，每一個台灣企業都無法置身於外，必須及早做好因應對策與及早展開行動。

（七）全球經濟景氣環境

2022年起，全球各國都受到高通膨、高利率、經濟景氣減緩的不利影響，對企業的業績產生不小衝擊。對消費者的消費行為亦產生抑制減縮效果；高通膨、高利率，使消費者口袋錢支出增加、存款更少、房貸利息負擔也變多。

（八）庶民低薪人口增加環境

台灣近15年來，上班族的薪水沒有顯著增加；根據統計，全台月薪在3萬元以下的年輕上班族，總人數在200萬人之多；這些都是低薪的庶民人口、基層人口，這些低薪人口大多傾向購買低價位的產品及做低價消費行為。這種低薪庶民人口，對低價產品提供了很好的生意契機。例如：

1. 低價／廉價航空
2. 低價旅遊團
3. 低價餐飲
4. 低價火鍋
5. 低價家電
6. 低價交通
7. 低價速食
8. 低價手搖飲

（九）零售業擴大連鎖化及規模化，競爭壓力增加

國內最近幾年來，在零售業方面，都顯著的朝向「連鎖化」及「規模化」走，愈做愈大。例如：超商、超市、量販店、美妝店、藥局、Outlet、百貨公司……等各零售業都不斷的擴張版圖，追求更大的成長。這也使得零售業彼此間的競爭壓力更大！而零售業競爭壓力變大，對各上游產品供應商或進口代理商也帶來降價及促銷的各種不利壓力，可謂環環相扣。

（十）貧富差距愈來愈大環境

全球及台灣都面臨貧富差距愈來愈大的事實。在資本主義盛行之下，有錢的人，更加有錢；沒錢的人，很難翻身；富有者、高階主管者、老闆者、年收入超過1,000萬、1億者，大有人在；貧困者，連年收入幾十萬元都沒有，包括月收入3萬元以下的年輕上班族，亦列在貧窮者，可以想像全台有數百萬貧窮者、月光族及躺平族。

貧富差距大的社會，就變成是一個M型化的消費社會，右邊是高端消費者，左邊是低端消費者，中產階級愈來愈少。所以，現在企業經營只有走兩個極端市場，一個是高所得、高價位市場；另一個則是低所得、低價位市場，這兩端的市場是比較容易存活的。

（十一）全球走向減碳及ESG實踐環境

現在，各國上市櫃大型公司都被要求全面落實減碳、減塑及ESG的方向走去，不這樣做的企業，將面臨該公司股票不會被全球法人投資公司購買，以及出口被限制與全球消費者的抵制之困境。所謂ESG，即是：

1. E：Environment，企業對環境保護、對減碳／排碳、對減塑、對環境污染的控制與降低，以使地球受到保護。
2. S：Social，即企業對社會責任、對社會關懷、對弱勢的幫助、贊助……等。
3. G：Governance，即企業的公司治理要做好，必須透明化、公開化、符合法規，不可營私舞弊，要對大眾小股東負起責任。

總之，企業要落實減碳及執行ESG狀況下，自然也對企業的經營成本負擔、組織改變、專人負責等產生變化，企業不可不重視。

（十二）宅在家環境

由於新冠疫情影響，電商網購崛起、手遊崛起，以及外送／快送平台崛起，使得宅在家族群興起，也產生了這方面的新商機、新契機：

1. Uber Eats及foodpanda兩家美食外送平台的快速崛起，成新興行業
2. 麥當勞24小時歡樂送
3. 電商網購公司的大幅成長
4. 各大實體零售公司也設立官方網站來進行網購及線上訂購

（十三）全球化供應長鏈轉變成各國在地化建廠短鏈

2022年以來，全球化供應長鏈，已轉變成各國在地化建廠短鏈發展模式。例如：台積電公司到美國及日本設立晶圓製造廠，就是各國在地化建廠的最佳案例。這也使得台商的全球化布局自由，受到很大的不利影響；對出口企業產生很大的不利點。

（十四）台商／外商加速逃走中國

自2022年以來，由於中美科技對抗及出口管制、加上中國的封城防疫、共同富裕（向富人開刀）、民眾抗議，以及兩岸軍事動盪不安……等，使得不少台商及外商（日商、美商為主），近幾年來，大幅度的逃走中國，而把工廠移向比較安定的東南亞及印度。例如：蘋果iPhone手機，就已要求代工大廠鴻海富士康移走3成製造能量到印度及東南亞工廠去。這都是外部地緣政治大環境，迫使企業必須改變海外生產據點，此舉也對企業的成本、供應鏈、獲利等帶來有利及不利改變的影響。

（十五）電商（網購）大幅成長環境

近五年來，由於新冠疫情影響及電商（網購）便利性及價格低，使得國內電商行業有大幅成長。像momo購物，年營收額已破1,000億元，名列電商第一名。此外，還有PCHome、蝦皮、雅虎奇摩、博客來、生活市集、台灣樂天……等都有大幅成長。很多大型品牌，也開始建構自己的電商官網，落實虛實通路上架並進的策略，以爭取更多的銷售業績。電商行業快速成長，影響很多企業的通路策略及上架策略，對行銷也帶來很大的改變思考及應變。

（十六）各行各業促銷活動檔期大幅增加環境

這幾年，由於景氣不振、消費緊縮，加上競爭激烈，使得各零售業、各消費品業、各耐久財業、各服務業，都大幅增加各種節慶促銷檔期，才能吸引人潮提振買氣。促銷環境的變化及浮現，亦大大影響企業及品牌端的經營。

（十七）人口移動環境

這十年來，由於台北市房價漲太高，使得年輕上班族無法住在台北市，於是遷到新北市、桃園市及新竹市去，台灣北部地區出現人口移動的現象，這也使得消費市場有改變；亦即桃園市、新北市、新竹市三都會的人口增加，消費市場規模也變大，影響了不少企業的行銷布局，以因應這種人口移動的變化。

（十八）不婚、不生、單身人口增加環境

台灣由於低薪、高房價、觀念改變的三大影響，使得全台不婚、不生、單身人口有大幅增加，這對企業的經營及行銷也帶來有利與不利的很大影響。而不婚、不生的結果，又進一步推進了少子化的不利結局。而單身人口、單親人口，也產生出「一人份經濟」的走向，很多消費品及生活日用品都要考慮推出小包裝的一人份產品。

（十九）平面紙媒大幅衰退環境

近十年來，平面紙媒大幅衰退，連《蘋果日報》、《聯合晚報》、《中時晚報》都關門了，傳統三大報都經營的很辛苦，不易賺錢，只靠少數大品牌、大企業的廣告量撐著。另外，傳統紙媒也轉向網路新聞發展才能存活下來。例如：《聯合報》轉向聯合新聞網、《中國時報》轉向中時新聞網、《自由時報》轉向自由新聞網。平面紙媒（報紙、雜誌）加上廣播，三大傳統媒體的大幅衰退，也很大影響企業投放廣告的選擇。

（二十）社群平台崛起環境

近五年來，在網路環境上，最大的改變，就是社群平台的大幅崛起。這些社群平台大大的左右著大量網友們的關注及媒體行為，也直接影響了品牌廠商的各種社群行銷操作。目前有五大主力社群平台，包括：FB、IG、YouTube、LINE、TikTok……等。目前，每年200多億元的數位廣告量，80%都流到了上述五大社群媒體去，台灣數位廣告費，都被美國人賺走。

（二十一）體驗服務、體驗行銷更加重要

現在光只賣產品還不夠，顧客還要有更好的體驗感受及體驗服務，也就是要有高的EP值（體驗值），顧客才會有好的滿意度，以及回購率、回流率。所以，現在為「體驗是王道」的時代來臨。所以，企業在各門市店、各專賣店、各零售店、各專櫃……等要有好的體驗感受；在售後服務上也要有好的體驗感受；在店內裝潢布置上也要有好的體驗感受。

圖9-2　經營環境21項變化與趨勢

1.少子化環境	2.老年化環境	3.全球新冠疫情環境
4.科技突破環境	5.外食化環境	6.全球政治／軍事地緣環境
7.全球經濟景氣環境	8.庶民低薪人口增加環境	9.零售業擴大連鎖化及規模化，競爭壓力增加
10.貧富差距愈來愈大環境	11.全球走向減碳及ESG實踐環境	12.宅在家環境
13.全球化供應長鏈轉變成各國在地化建廠短鏈	14.台商／外商加速逃走中國	15.電商（網購）大幅成長環境
16.各行各業促銷活動檔期大幅增加	17.人口移動環境	18.不婚、不生、單身人口增加環境
19.平面紙媒大幅衰退環境	20.社群平台崛起環境	21.體驗服務、體驗行銷環境更加重要

三、企業應如何做好環境三抓工作？

企業應如何做好對環境的三抓工作呢？主要有二項：

（一）企業必須成立新的專責單位及人員負責

名稱可稱為「環境對應組」、「環境分析組」、「環境策略組」，或是「環境企劃組」……等新興功能的組織單位，務求做好對外在環境的監測、分析及對策因應作為，才能做好環境三抓工作及任務。

（二）每月召開一次會議，提出報告及建議

新設立的環境策略企劃單位，每月必須召開一次跨部門會議，邀請研發、技術、業務、行銷、製造、採購、物流、品管、ESG、客服、設計、企劃、法務……等各一級單位，共同開會，聽取環境策略企劃單位的每個月的對環境分析報告，並且提出各單位的看法、意見及討論，然後再請高階主管做出裁示及指示。

圖9-3　如何做好環境三抓工作

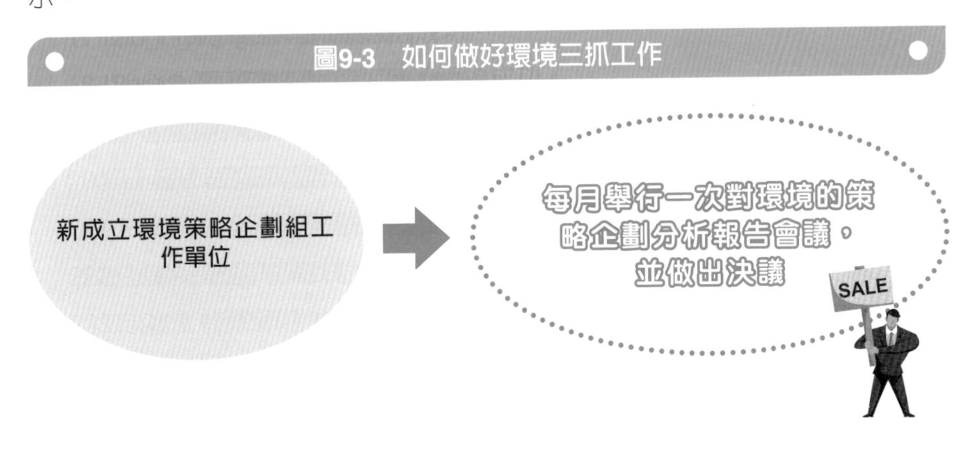

MEMO

黃金法則 10

行銷終極目標：爲顧客創造「更美好生活」

行銷終極目標：為顧客創造「更美好生活」

一、行銷2個終極目標

行銷人員必須知道，從事行銷有2個終極目標，如下：

（一）從公司角度看

當然就是要有不斷成長的營收及獲利，如此，公司才可以長期存活下去；上市櫃公司也才能有能力每年發放股利（股息）給大衆股東。因此，企業做行銷，必當不斷精益求精，打造市場上更強大競爭力。

（二）從顧客角度看

從顧客角度看，行銷的終極目標，最大的核心點，就是要努力為顧客創造「更美好生活」。

圖10-1　行銷2個終極目標

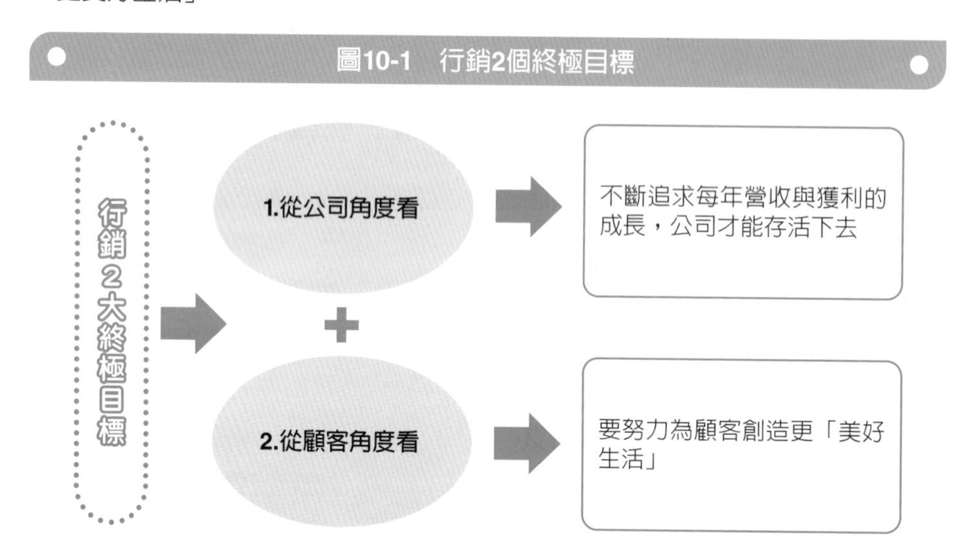

二、Panasonic台灣公司，在台60週年的廣告訴求

2022年是Panasonic台灣公司（台灣松下公司）成立60週年紀念，該公司在投放電視廣告宣傳時，揭示該公司的經營／行銷終極目標時，即提出：Panasonic是一家很努力、很用心為顧客創造「更美好生活」的強大家電第一品牌的好公司。

圖10-2　台灣松下公司

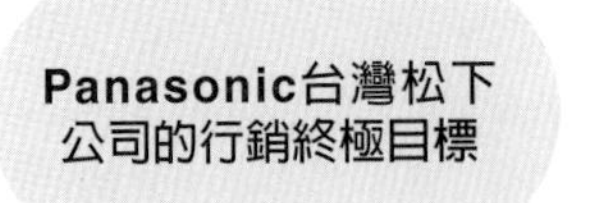

帶給顧客
「更美好生活」

三、到底要如何做，才能為顧客創造更美好生活？

要如何做，才能真正落實到為顧客創造更美好生活的行銷終極目標？經歸納後，企業主要有下列10大要點，要努力去做：

1. 提供顧客更優質、更好、更棒、更新的好產品。
2. 提供顧客更快速、更貼心、更親切的售後服務。
3. 提供顧客更美好、更驚豔、更有好感的體驗感受。
4. 提供顧客更完整的產品與服務保證及保障。
5. 提供顧客更能解決他／她們生活上的問題點及痛點。
6. 提供顧客更親民的、更高CP值的價格。
7. 提供顧客更方便、更快速買得到的強大虛實通路。
8. 提供顧客讓他／她們心理有更開心、更快樂、更尊榮的感受。
9. 須將「為顧客創造更美好生活」的觀念及思想，納入企業文化的重要一環。
10. 每年12月份，必須召開一次檢討會議，檢討及反省這一年來，我們公司是否真正努力用心做好、做到為顧客創造更美好生活的落實與進步。

圖10-3　企業要如何做好為顧客創造「更美好生活」

1.提供更優質、更好、更棒的好產品

2.提供更快速、更親切、更貼心的售後服務

3.提供更美好、更驚豔的體驗感受

4.提供更完整的保證及保障

5.提供顧客生活問題上的解決

6.提供更親民、更高CP值的好價格

7.提供更方便、更快速買到產品的通路

8.提供心理上更開心、更快樂、更尊榮的感受

9.將顧客更美好生活納入企業文化的重要一環

10.每年年底召開會議檢討與反省

- 為顧客創造、帶來更美好生活
- 讓顧客心理上感受到更大開心、快樂與尊榮

黃金法則 11

掌握趨勢＝成長機會

掌握趨勢＝成長機會

品牌廠商如果能夠掌握外部大環境及整體市場的改變趨勢，就能從中發現新商機，創造營收及獲利再成長契機。

一、掌握趨勢的成功案例

列舉近幾年來，成功掌握外部環境及市場改變趨勢，而創造出好業績的實例：

（一）便利商店大店化趨勢

例：全家、統一超商7-11……等。

（二）服飾店大店化趨勢

例：NET服飾店、優衣庫（Uniqlo）服飾店。

（三）大型Outlet購物中心趨勢

例：三井、華泰……等

（四）網購店取趨勢

例：統一超商7-11、全家、萊爾富、OK、蝦皮店到店服務……等。

（五）汽車／機車電動化趨勢

例：特斯拉（Tesla）、光陽機車、Gogoro機車……等。

（六）家電變頻省電化趨勢

例：大金、日立冷氣、Panasonic家電、三星家電、聲寶家電、禾聯家電、三洋家電……等。

（七）休旅車趨勢

例：TOYOTA、BMW、福斯、裕隆、日產、福特、VOLVO……等汽車品牌。

（八）藥局連鎖趨勢

例：大樹、杏一、丁丁、維康、啄木鳥……等藥局。

（九）無糖茶飲料趨勢

例：原萃、御茶園、茶裏王……等。

(十)平價保養品趨勢

例：專科、肌研、花王、Bioré……等。

(十一)無糖豆漿趨勢

例：統一、義美、光泉……等。

(十二)低脂鮮奶趨勢

例：統一、林鳳營、光泉……等。

(十三)電商(網購)成長趨勢

例：momo、PCHome、蝦皮、博客來……等。

(十四)餐廳連鎖成長趨勢

例：王品、瓦城、豆府、乾杯、築間、欣葉、漢來、饗賓……等品牌餐廳。

(十五)自助餐餐廳趨勢

例：五星級大飯店君悅、晶華；欣葉、饗食天堂、漢來……等。

(十六)中老年保健品成長趨勢

例：娘家、桂格天地合補、白蘭氏、五洲生醫、大研生醫、倍健、台塑生醫、善存、三得利、三多……等。

(十七)零售業持續拓店趨勢

例：全聯超市、寶雅、7-11、全家……等。

(十八)廉價航空趨勢

例：虎航。

(十九)超商平價咖啡趨勢

例：統一超商CITY CAFE、全家Let's Café、萊爾富Hi Café。

(二十)燕麥飲料趨勢

例：桂格、愛之味、統一……等。

(二十一)新聞台政論節目

例：TVBS、三立、民視、東森、年代……等新聞政論節目。

(二十二)出版業圖解書趨勢

例：五南出版公司的專業商管、行銷、財經、企管……等書籍圖解化。

（二十三）AI應用趨勢

例：AI醫療、AI家電、AI汽車、AI製造設備、AI晶片、AI伺服器、AI PC……等。

（二十四）日本旅遊趨勢

例：雄獅、東南旅行社。

（二十五）跨業、跨品牌聯名趨勢

例：7-11與五星級大飯店聯名；全家與鼎泰豐聯名。

（二十六）與網紅（KOL）聯名趨勢

例：全家與古娃娃、千千、金針菇……等知名網紅，聯名推出鮮食便當。

圖11-1　近幾年26種市場趨勢帶來成長契機的案例

1.便利商店大店化趨勢	2.服飾店大店化趨勢	3.大型Outlet購物中心趨勢	4.網購店取趨勢
5.汽車、機車電動化趨勢	6.家電變頻省電化趨勢	7.休旅車型趨勢	8.藥局連鎖趨勢
9.無糖茶飲料趨勢	10.平價保養品趨勢	11.無糖豆漿趨勢	12.低脂鮮奶趨勢
13.電商（網購）成長趨勢	14.餐廳連鎖成長趨勢	15.自助餐餐廳趨勢	16.中老年人保健品成長趨勢
17.零售業持續拓店趨勢	18.廉價航空趨勢	19.超商平價咖啡趨勢	20.燕麥飲料趨勢
21.新聞台政論節目趨勢	22.出版業圖解書趨勢	23.AI應用趨勢	24.日本旅遊趨勢
	25.跨業、跨品牌聯名趨勢	26.與網紅聯名趨勢	

- 上述26種市場變化與趨勢，帶來企業營收及獲利再成長新契機
- 掌握市場趨勢與市場脈動，就是掌握未來

二、趨勢的13種面向

各行各業的趨勢變化，主要可以區分為以下13種面向：

1. 整體市場趨勢。
2. 產品趨勢。
3. 設計趨勢。
4. 功能趨勢。
5. 技術趨勢。
6. 通路趨勢。
7. 商業模式趨勢。
8. 健康趨勢。
9. 永續地球趨勢（ESG）。
10. 少子化趨勢。
11. 老年化趨勢。
12. 規模經濟化趨勢。
13. 低價格趨勢。

圖11-2　趨勢的13種面向

1.整體市場趨勢面向	2.產品趨勢面向	3.設計趨勢面向
4.功能趨勢面向	5.技術趨勢面向	6.通路趨勢面向
7.商業模式趨勢面向	8.健康趨勢面向	9.永續地球趨勢面向（ESG）
10.少子化趨勢面向	11.老年化趨勢面向	12.規模經濟化面向
	13.低價格趨勢面向	

MEMO

黃金法則 12

先入市場者的優勢及後發品牌的進擊策略

先入市場者的優勢及後發品牌的進擊策略

一、先入市場者的成功案例

幾十年來，在國內市場上，第一個率先進入市場的品牌，經常會占有第一品牌的競爭優勢地位，後發品牌不易撼動其地位及市占率。如下列先入市場者的成功品牌：

圖12-1　成功案例

1.統一泡麵、茶飲料	2.萬歲牌腰果	3.桂格燕麥片
4.雀巢咖啡	5.大同電鍋	6.舒潔衛生紙
7.櫻花廚具	8.Panasonic家電	9.花仙子香氛品
10.白蘭洗衣精	11.統一超商	12.好來（黑人）牙膏
13.星巴克咖啡	14. CITY CAFE低價咖啡	15.樂事洋芋片
16.愛之味花生牛奶	17.三好米	18.普拿疼止痛藥
19.善存維他命	20.台灣大車隊	21.中華電信
22.iPhone手機	23.麥當勞速食	24.SOGO百貨

二、先入市場者（Pre marketer）7大優勢

早期先入市場者具有7大優勢，如下：

1. 占有高市占率優勢。
2. 占有零售店有利的陳列空間及陳列位置之優勢。
3. 占有高的品牌印象度及品牌知名度優勢。
4. 占有不少忠實、忠誠主顧客群優勢。
5. 占有規模經濟優勢。
6. 占有location（地理位置）優勢。
7. 占有完整產品組合優勢。

圖12-2　先入市場者7大優勢

1.高市占率優勢

2.零售店陳列空間及位置優勢

3.高的品牌印象度及知名度優勢

4.不少忠實忠誠主顧客群優勢

5.具有規模經濟優勢

6. 占有好的位置優勢

7.具有完整產品組合優勢

先入市場者鞏固既有市場，不易被人侵入

三、後發品牌的九種有效進擊策略

那麼，後來才進入市場的後發品牌，在極其困難中，應有如何的成功進擊策略？如下九點策略可供使用：

（一）切入小衆市場，逐步瓜分市場策略

在牙膏市場，本來被好來（黑人）牙膏長期占有，但後來，有舒酸定牙膏切入10%有敏感性牙齒的市場；再來，得恩奈牙膏切入兒童用牙膏及夜用型牙膏的10%市場，成功瓜分好來（黑人）牙膏的高市占率。

（二）切入高價位、精品級、高品質的高端市場策略

Dyson吸塵器、吹風機，就是成功切入此類產品市場。

（三）先進入電商網購市場，打出高知名度策略

D＋AF女鞋及丹尼船長爆米花，都先在網購市場打響高知名度，再轉到實體零售市場。

（四）採取差異化、獨一無二、特色化策略

1. Costco（好市多），以美式賣場差異化特色進入台灣市場。

2. 豆府餐飲集團，以韓式「涓豆腐」品牌、韓式料理進入台灣市場。
3. Tesla（特斯拉），以電動車差異化進入全球市場。
4. 蘭諾芳香洗衣豆，以洗衣豆非洗衣精進入市場。
5. 抖音（TikTok）以短影音特色進入全球市場。

（五）採取低價切入市場策略

1. 中國OPPO、小米手機以低價進入台灣市場。
2. 路易莎咖啡以低價（80元）進擊高價（130元）星巴克咖啡。
3. 虎航航空以低價、廉價航空進入亞洲短距離旅遊行程。
4. NET本土服飾以低價面對日系優衣庫（Uniqlo）、ZARA、H&M……等。
5. 統一超商CITY CAFE，以45元低價咖啡成功打進上班族市場。
6. 欣葉、饗食天堂以800元平價自助餐餐廳與五星級大飯店2,000元的自助餐餐廳成功競爭。

（六）大舉投入資金及人才，採取深口袋策略

當初網路新聞以《聯合報系》的聯合新聞網為領先品牌，後來，東森ETtoday新聞網大舉投入資金及人才相競爭，前三年虧損3億元，第四年開始賺錢，第六年點閱流量正式超越聯合新聞網，成為網路新聞流量第一品牌。

（七）大舉電視廣告轟炸策略

例如：後發的日系三得利保健品品牌來台後，每年投入巨大的3億元電視廣告費，大舉拉抬三得利的品牌知名度及印象度。

（八）代理國外第一品牌切入市場策略

來自日系的風倍清除臭芳香劑、ARIEL抗菌洗衣精、小林製藥產品、朵茉麗蔻保養品……等，均係來自日本代理進口的第一品牌產品，很快打響知名度。

（九）切入年輕上班族市場策略

歐系海尼根啤酒、日系朝日啤酒及麒麟啤酒……等，均以台灣年輕上班族為目標市場，使台灣的台啤，市占率從100%大幅下滑到剩48%。

圖12-3 後發品牌的九種有效進擊策略

1.切入小眾市場，逐步瓜分市場策略	2.切入高價位、精品級、高品質的高端市場策略	3.先進入電商網購市場，打出高知名度策略
4.採取差異化、獨一無二、特色化策略	5.採取低價切入市場策略	6.大舉投入資金及人才，採取深口袋策略
7.大舉電視廣告轟炸策略	8.代理國外第一品牌切入市場策略	9.切入年輕上班族市場策略

↓

- 全面有效進擊早期先入市場的第一品牌
- 有效瓜分市場占有率

四、總結歸納：後發品牌切入市場的13個面向策略

總結來說，後發品牌可以從下列圖示的13個面向去切入及瓜分市場：

圖12-4 13個面向策略

1.從高、中、低三種不同價位的族群切入	7.從不同小眾市場、縫隙市場切入
2.從不同年齡層族群切入（學生、年輕人、小資女、中年人、老年人、熟女、大叔……等）	8.從大舉深口袋策略切入
	9.從不同功能及配方產品切入
3.從不同所得層族群切入	10.從不同設計風格切入
4.從不同性別族群切入	11.從不同款式、款型切入
5.從不同教育族群切入	12.從差異化、獨一無二、特色化切入
6.從不同通路別切入	13.從國外第一品牌代理切入

↓

後發品牌必能成功搶灘市場

MEMO

黃金法則 13

口碑行銷：最低成本的行銷操作

口碑行銷：最低成本的行銷操作

一、口碑行銷，最低成本的行銷操作

口碑行銷，是所有行銷操作裡面，成本最低的。相較於電視廣告、網路廣告、戶外廣告、體驗活動、快閃店活動、公關大型活動、公益活動、促銷活動、藝人代言活動、KOL網紅活動……等，口碑行銷可以說是付出的行銷成本是最低的，但其所獲都是不低的；是很值得重視的一個行銷操作。

圖13-1　口碑行銷的行銷成本最低

二、好口碑的3大來源

究竟企業、品牌、店面、產品的好口碑，是來自哪裡？主要有3大來源：

（一）親朋好友、同事、同學、家人

第一個好口碑行銷的來源，是來自於親朋好友、同事、同學、家人等，人與人互相間的好口碑傳播，這種口碑傳播的信任度很高，會影響消費者的決策行為。例如：聽了某位同事、家人說過，那個診所醫生很厲害、那個店很好吃、那部車很好開、那種手機很好用、那種服飾店很好看、那家網購很便宜……等，我們的心理及思維就會受到影響。

（二）社群媒體上的搜尋及傳播

第二個來源，就是很多消費者在購買自己不熟悉的產品時候，在購買前，經常會上社群網站或Google搜尋相關事項的各種訊息。這種來源，也會有某種程度影響消費者購買行為。因為，這些在社群網站發表的話，都是他／她們自己親身的經歷，看起來可信度很高。

（三）自己親身體驗，散播出去

第三個來源，就是消費者自己親身體驗過的購買行為或使用行為，然後，將自己的使用心得及感受，告訴自己的家人、同事、同學、朋友等，以及也有可能自己寫在社群媒體上（例如：FB、IG、LINE、Dcard……等）而散播出去的。

圖13-2　口碑行銷的3種來源

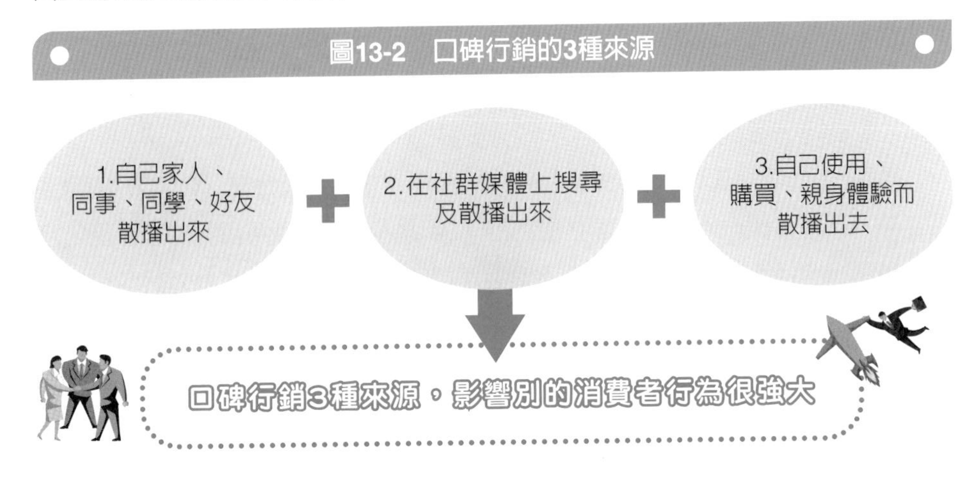

三、到底如何做好口碑行銷？

品牌廠商到底要如何才能做好、做大口碑行銷？主要有下列10種作法：

（一）做出真正好產品

品牌廠商第一個就是，要真正努力、用心、改革的做出真正的好產品、高品質產品、優質產品、有效果作用、高顏值、有需求性的最佳產品力。真正好產品，大家使用過，都叫好，就會很快散播出來。不好的產品或品牌，也會很快被散播出去。所以，好的產品力、優質產品力，是最根本致勝關鍵。

（二）定價要親民，要令人有高CP值感

第二個，品牌廠商要注意「定價（零售價格）」一定要親民、要庶民、要令人有高CP值感、要令人有值得的好感受。千萬不能有暴利、也不要有高毛利率，除非你是歐洲名牌精品、名牌轎車或高科技晶片半導體（台積電公司）；一定要走親民／庶民價格路線，才會長久；我們只需要有合理的30%～40%毛利率，以及5%～15%合理的獲利率即可。

（三）做出真正好服務

第三個，品牌廠商一定要做出好服務，現在很多產品都須要售後服務；例：手機業、家電業、資訊電腦業、汽車／機車業、零售販賣業、銀行業、電商網購業……等。售後服務一定要做到：快速、能解決問題、貼心、親切、有禮貌、客氣、專業、有溫度的服務，才能使顧客有好印象及好口碑，也才會散播出去。另外，售前及售中的服務行為也要一起把它做好。

（四）全通路，容易買到

第四個，就是品牌廠商的產品上架，一定要力求虛實整合式（OMO）的全通路上架，讓顧客都很方便、快速、便利的、24小時都可買到所需要的產品品質及品牌類別。全通路上架，消費者就不會抱怨買不到這個產品，就會有好口碑傳播出去。

（五）產品有高附加價值

產品如前述，一定要是好產品、優質產品外，也不要忘記要提供產品在設計上、功能／機能上、效用上、使用上，有更多的價值（value），附加在上面，讓消費者體驗到此產品更多的價值感受。如此，也會被更多網友散播在社群媒體上。

（六）更多正面媒體報導

第六個，要做到儘可能使我們的產品及品牌，能夠被更多的新聞媒體正面報導出來。包括：電視新聞台、財經商業雜誌、報紙、網路新聞等四大類新聞媒體更多的正面報導出來。報導多，就會形成很好的口碑行銷。例如，有一陣子，財經雜誌及報紙都在報導精品家電公司恆隆行代理的高檔Dyson吸塵器；使Dyson一下子爆紅起來，業績成長很多，英國Dyson精品家電就是一個很成功的口碑行銷。

（七）不斷創新，求進步

品牌廠商要維持在顧客心目中長期的好口碑，就必須在產品、服務、門市店、廣告宣傳、會員經營……等上面，保持不斷的創新及不斷的追求革新與進步。例如，像iPhone手機，17年來從iPhone 1到iPhone 16，每年都革新一次，到今天，果粉仍非常捧場，好印象也保持不墜。

（八）產品組合更加多樣化

品牌廠商在產品品項組合上，可以更加多樣化、多元化及豐富化，使消費者的選擇性更加寬裕及方便性。這也會帶來好口碑。

（九）適度做促銷活動，回饋消費者

雖然有好產品、好服務、好的創新進步、好價格，但品牌廠商仍要大方一些，在重要節慶、節日時刻，不要忘記搭配大型零售商，做些促銷活動檔期，以回饋消費者，畢竟每個顧客都喜歡產品有折扣優惠，可以省錢；如此，就更加使顧客有好口碑了。

（十）適度做網紅推薦，吸引粉絲

最後，品牌廠商也可以運用KOL/KOC網紅行銷做推薦，以吸引他／她們粉絲群更加認識或購買我們的品牌，透過KOL推薦及親身使用見證，亦可對粉絲散播更多品牌的好口碑，而去改變粉絲們的心理認知及認同感。

圖13-3　如何做好口碑行銷的10種作法

1.做出真正好產品

2.定價要親民，要令人有高CP值感

3.做出真正好服務

4.上架全通路，讓顧客容易買得到

5.產品要有高附加價值

6.爭取更多正面媒體新聞報導

7.不斷創新，追求改革及進步

8.產品組合更加多樣化，選擇性更高

9.適度做促銷活動，回饋顧客

10.適度做網紅推薦，吸引粉絲認同

- 有效拉升品牌的好口碑行銷
- 有助業績持續上升

MEMO

黃金法則 14

做好「顧客利益點」，贏得顧客心

做好「顧客利益點」，贏得顧客心

一、什麼是「顧客利益點」（Consumer Benefit）？

「顧客利益點」是行銷人員必須高度重視的一個核心點，也是行銷重要的基礎本質。「顧客利益點」，就是每個顧客都對產品或服務，有其需求、欲求、想要、期待、偏愛，這些就都會反應在顧客的利益點上面，廠商必須努力達成及做好這些顧客的利益點所在。

例如說，顧客偶有頭痛時，吃一顆普拿疼，幾個小時後，頭痛就好了；這種「能使顧客頭痛快速不痛」的好藥品，就是有效的滿足了顧客的利益點，顧客必定對普拿疼品牌有很好的印象，認為它是很好的解決頭痛的好產品，帶給顧客好的利益點所在。

圖14-1　什麼是顧客利益點？

顧客利益點（Consumer Benefit）

能有效／快速的滿足顧客對此產品的需求、想要及期待，帶給他／她們更美好生活及解決生活上痛點所在。

二、「顧客利益點」的思考落實五個面向

要如何對「顧客利益點」的落實，主要有五大方向可以思考：

1. 在新產品開發過程中，就必須深度思考，新產品應該如何做，才能帶給顧客更多的利益點。
2. 在既有產品改良、升級過程中，也必須多做思考。
3. 在技術突破及研發中，也必須思考到，是否可以帶給顧客更多、更好、更實用的利益點。
4. 在各種營運、業務、行銷、服務過程，如何給顧客更多利益點及好處點。
5. 在顧客導向實踐中，如何實踐更多、更有用的顧客利益點。

圖14-2 「顧客利益點」的思考落實五個面向

1.在新產品開發過程中

2.在既有產品改良、升級過程中

3.在技術與研發突破過程中

4.各種營運、業務、行銷及服務過程中

5.在各種顧客導向實踐中

如何帶給顧客更多、更好、更有用、更有成效的顧客利益點

三、注重「顧客利益點」的品牌案例

茲列示品牌廠商注重及實踐「顧客利益點」的實際品牌案例：

（一）健康利益點

例如：娘家、善存、三得利、三多、台塑生醫、大研生醫、五洲生醫、保健……等保健品牌。

（二）節能省電利益點

例如：Panasonic、大金、日立、東元、聲寶、禾聯……等家電品牌。

（三）減碳利益點

例如：Tesla（特斯拉）、TOYOTA汽車、光陽、Gogoro機車……等。

（四）平價零售利益點

例如：全聯、Costco（好市多）、家樂福……等零售公司。

（五）好吃餐廳利益點

例如：王品、瓦城、豆府、築間、饗食天堂、欣葉、乾杯、漢來、古拉爵……等餐飲公司。

（六）心理尊榮利益點

例如：LV、GUCCI、HERMÈS、CHANEL、DIOR、Prada、Cartier、Tiffany、PP錶、ROLEX錶……等歐洲名牌精品。

（七）高品質家電利益點

例如：Dyson、Panasonic、Sony……等。

（八）網購店取方便利益點

例如：7-11、全家、萊爾富、OK……等超商。

（九）新聞台快速新聞報導利益點

例如：TVBS、三立、東森、民視、年代、非凡。

（十）皮膚保養利益點

例如：蘭蔻、雅詩蘭黛、SK-II、資生堂……等。

（十一）二手名牌精品利益點

例如：三井Outlet、華泰Outlet……等。

（十二）快速且平價網購利益點

例如：momo、PCHome、蝦皮、博客來……等。

（十三）抗菌、抗病毒洗衣精

例如：白鴿、白蘭、橘子工坊、一匙靈……等。

圖14-3　注重且實踐「顧客利益點」的品牌案例

1.健康利益點	2.節能省電利益點	3.減碳利益點	4.平價零售利益點
5.好吃餐廳利益	6.心理尊榮利益點	7.高品質家電利益點	8.網購店取方便利益點
9.新聞台快速新聞報導利益點	10.皮膚保養利益點	11.二手名牌精品利益點	12.快速平價網購利益點

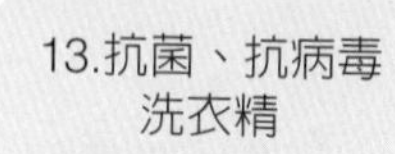

從各面向注重且實踐顧客利益點的品牌案例

黃金法則 15

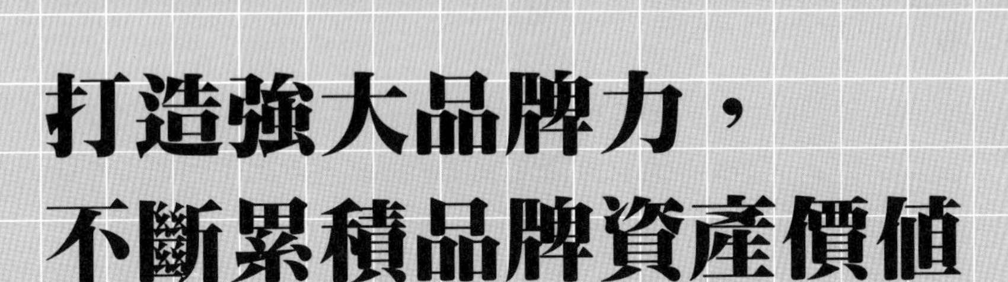

打造強大品牌力，
不斷累積品牌資產價值

打造強大品牌力，不斷累積品牌資產價值

一、品牌資產價值內涵的七個度

「品牌」是有正面且有價值的無形資產，它跟設備、廠房、辦公大樓、物流中心等有形資產一樣，都是公司很重要資產項目之一。品牌資產價值的具體內涵，就是品牌廠商必須努力、用心、有計劃的、循序漸進的一步一步打造出消費者對我們品牌七個度的內涵，這七個度，由下向上升，如下圖示：

圖15-1　品牌資產價值由下到最上層的七個度

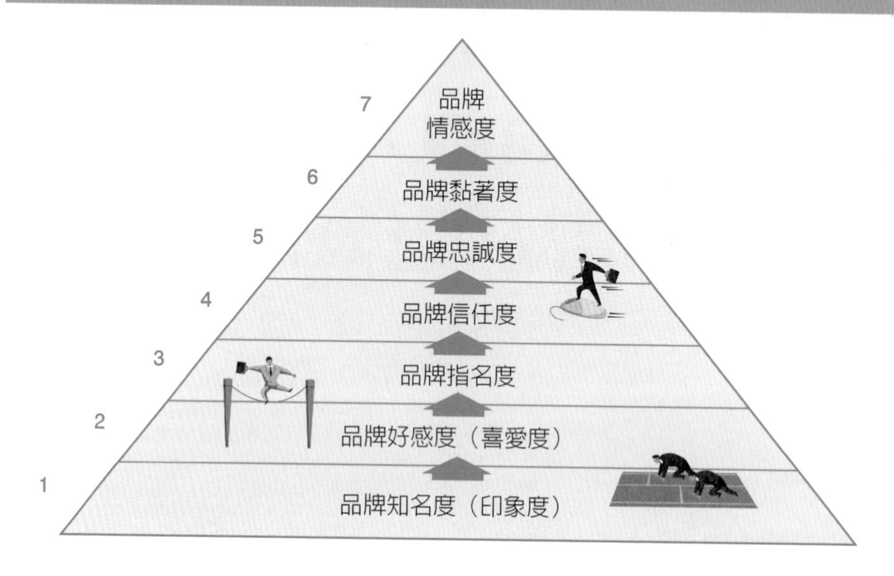

企業或品牌廠商所有的努力做出好產品，以及投放大量廣告宣傳及媒體曝光，就是為了能夠打造出品牌的這七個度在消費者內心裡存放著。

二、打造品牌資產價值的6大好處

企業擁有一個具有七個度內涵的好品牌，具有6大好處：

1. 可以訂高一點的價格。
2. 獲利率可以高一點。
3. 消費者可以得到信賴感及保證感。
4. 可以每年有穩定營收額。

5. 企業可以長久存活及永續經營著。

6. 可以比較有固定的主顧客群。

圖15-2　有品牌資產價值的6大好處

1.可以訂高一點價格

2.獲利率可以高一點

3.消費者可以得到信賴感及保證感

4.每年可以有穩定營收額

5.企業可以長久存活

6.企業比較有固定主顧客群

三、國內、國外知名品牌價值案例

茲列舉國內外高知名度、形象良好的各行各業第一品牌：

全球品牌		台灣本土品牌	
Apple	CHANEL	統一企業	ASUS
Amazon	PP錶	全聯超市	acer
Meta	ROLEX錶	家樂福量販店	捷安特
Google	Benz豪華車	統一超商7-11	味全
TOYOTA	Panasonic	SOGO百貨	愛之味
NISSAN	Sony	新光三越百貨	義美
三星	P&G	星巴克	王品／瓦城
LG	Unilever	麥當勞	花仙子
LV	Disney	台灣松下	桂格
GUCCI	Walmart	TVBS電視台	桂冠
HERMÈS	Costco（好市多）	三立電視台	寶雅

四、做好「品牌元素」規劃

經營品牌的第一個步驟，就是必須先完整的做好「品牌元素」規劃，品牌元素是品牌力打造的主要核心基礎，沒有這些基礎，就不會有品牌力的打出。下列是「品牌元素」的14項，如下圖示：

圖15-3　品牌元素14項必要規劃內容

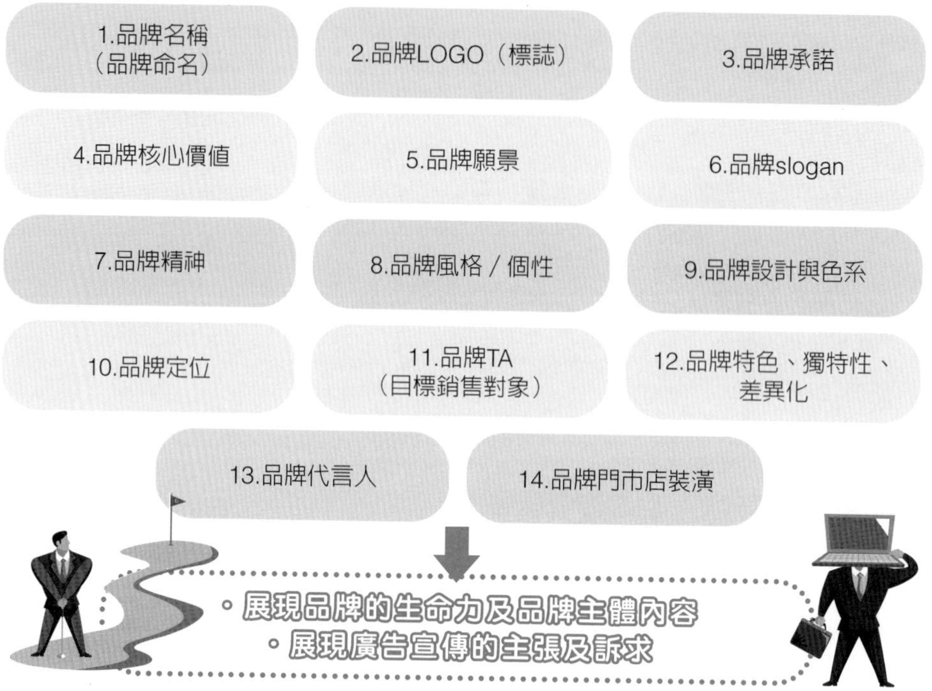

1.品牌名稱（品牌命名）
2.品牌LOGO（標誌）
3.品牌承諾
4.品牌核心價值
5.品牌願景
6.品牌slogan
7.品牌精神
8.品牌風格／個性
9.品牌設計與色系
10.品牌定位
11.品牌TA（目標銷售對象）
12.品牌特色、獨特性、差異化
13.品牌代言人
14.品牌門市店裝潢

。展現品牌的生命力及品牌主體內容
。展現廣告宣傳的主張及訴求

五、如何打造、提高、鞏固住品牌力的11種作法

中小企業究竟要如何打造出品牌力，中大型企業究竟又要如何進一步提升及鞏固住品牌力？綜合來看，企業必須完整的努力做好以下11個要點：

（一）做好基本功、做出很棒的產品力

品牌廠商首要的就是要做出很棒、很好、高品質、高質感、很耐用、很好用的產品力，這是品牌的第一個基本功——打造很棒產品力。

（二）要不斷創新及革新，保持品牌永遠新鮮感

第2個，就是任何品牌，都必須在長期的二十年、三十年、四十年、五十年、一百年之中，要經常性、不斷的展開對產品、對服務、對門市店、對賣場的創新及革新行動，以保持品牌在顧客心目中的永遠都有新鮮感、驚豔感及感動感。

（三）要認真、用心做好品牌的服務工作

除了前述產品力基本功之外，另一個基本功，就是要把服務力也做好。若產品力很好，但服務力不行，品牌印象就會破功、完蛋。包含「售前」、「售中」、「售後」的服務力要都能做好：

1. 服務人力的高素質
2. 服務人力的高訓練
3. 服務的健全經營制度
4. 服務人力的獎勵

（四）要在社會大眾中，長期保持良好口碑與聲譽

企業必須努力維持好它在社會大眾與廣大消費者之中的良好口碑與聲譽，而且要二十年、五十年、七十年長期保持才行。絕對不要有不好的口碑及破壞聲譽的形象傳出來，或被媒體大量且負面的報導出來。

（五）要有足夠且長期的廣告宣傳聲量及曝光率

任何中大型品牌，每年都必須拿出年營收的1%～6%去投放各種媒體的廣告宣傳，去傳播溝通他們的產品、服務、公益及企業形象，這是必要的廣告聲量及品牌曝光率，表示我們的企業與品牌能夠永遠的、長期的陪伴在顧客的身邊，並且走在顧客的最前面。

（六）品牌要做好與顧客之間的傳播溝通主張及訴求

除了媒體廣告投放曝光之外，品牌端更要注意到如何能夠用精準的文案與影音，傳達出我們品牌端對顧客的正面訴求及主張，讓顧客能產生好的印象及感受；如此，才能讓我們的品牌力再上一層樓。

（七）要永遠保持品牌年輕化及品牌活力

品牌端隨著三十年、五十年的歲月過去，但絕對不能有品牌老化及組織老化現象出現。品牌端永遠要記住及行動，在產品、設計、色彩、外觀、包裝、代言人、電視廣告片、戶外活動、門市店……等各方面，務必永遠保持年輕化及品牌活力存在。

（八）要快速、有效果的滿足顧客群、變動中的各種需求與期待

品牌端更要注意，在時代環境的巨大變遷中，要提早洞悉及抓住顧客們的變動需求及潛在未浮出的需求，並且快速與有效果的滿足顧客的需求。如此，我們的品牌才可以永遠得到顧客群的高滿意度。

（九）多出現在各種媒體的正面新聞報導上

品牌端及企業，應多接受財經電視台、財經雜誌、財經報紙、財經網路的專訪及專題報導，多在正面報導中，露出我們的品牌知名度及好形象度。

（十）確實實現品牌承諾

企業及品牌廠商必須永遠記住，並且要確實去實現我們的品牌承諾。例如：最近台灣松下的Panasonic在台灣60週年的電視廣告宣傳、slogan，就提出Panasonic的品牌承諾——「帶來美好生活」。美好生活，就是Panasonic家電品牌，60年來要對台灣消費者實踐的品牌承諾。而Panasonic這60年來，也努力做到了。

（十一）認真做好最新發展的：品牌CSR＋ESG

最後，近期的新發展，就是企業端及大品牌端，要認真去做好：

品牌CSR＋品牌ESG

1. 品牌CSR：即是要善盡品牌的企業社會責任。
2. 品牌ESG：即是要做好：

E：環境保護、減碳、減塑、減廢。

S：社會關懷、社會弱勢救濟。

G：公司透明化、公正化治理。

做好品牌ESG的永續經營，品牌就能百年長青不墜經營下去。

圖15-4　如何打造、提高、鞏固住品牌力11種作法

1.做好基本功、做出很棒的產品力

2.要認真、用心做好品牌的服務工作

3.要在社會大家中，長期保持良好口碑與聲譽

4.要有足夠且長期的廣告宣傳、聲量及曝光率

5.品牌要做好與顧客之間的傳播溝通主張及訴求

6.要永遠保持品牌年輕化及品牌活力

7.要不斷創新及革新，保持品牌永遠新鮮感

8.要快速、有效果的滿足顧客群變動中的各種需求與期待

9.多出現在各種媒體的正面新聞報導上

10.確實實現品牌承諾

11.認真做好最新發展的：品牌CSR＋品牌ESG

↓

有效打造、提高、鞏固住品牌力及品牌資產價值

六、每3年做一次品牌力檢測、考核

企業及品牌端，每3年必須委請外部市調公司或內部自己，做一次品牌力的七個度的檢測、調查及考核，看看這七個度是否持平、下滑或上升的結果如何；然後，採取應對措施及行動，再去鞏固及提升我們的品牌力。品牌力檢測及考核，英文稱為「Brand Audit」。

圖15-5　品牌力檢測

每3年品牌力檢測及市調
(Brand Audit)

了解品牌七個度的升降情況
(品牌知名度、好感度、指名度、信任度、
忠誠度、黏著度、情感度)

永遠保持品牌力在高峰處

黃金法則 16

持續進行「產品組合」優化及多元化

持續進行「產品組合」優化及多元化

一、產品組合優化及多元化、多樣化之5大目的

對很多零售業或消費品製造業而言，定期的進行產品組合優化及多元化、多樣化，是件非常重要之事。產品組合優化及多樣化，對公司帶來5大好處、益處：

1. 可以為消費者帶來更多選擇。
2. 可以為公司提高更多營收及獲利。
3. 可以使公司營運成長。
4. 可以保持公司市場競爭優勢。
5. 可以避免單一產品線的風險。

圖16-1　產品組合優化及多樣化之好處

1.為消費者帶來更多選擇

2.為公司提高更多營收及獲利

3.為公司帶來營運成長

4.保持公司在市場上的競爭優勢

5.避免單一產品線的風險

二、產品組合優化及多樣化之成功案例

茲列舉數十個企業，在產品組合優化及多樣化的成功案例：

1. 統一企業（食品＋飲料）
2. 味全企業（食品＋飲料）
3. Panasonic（大家電＋小家電）
4. Sony（大家電、遊戲機）
5. Dyson（吸塵器、吹髮器、空氣清淨機）

6. 禾聯（電視機、冷氣機、電風扇……）
7. TOYOTA汽車（和泰汽車）（高／中／低價位汽車）
8. 麥當勞（各式西式速食、飲料）
9. 桂格（奶粉、燕麥片、人蔘雞精、滴雞精、燕麥飲）
10. 白蘭氏
11. 花仙子（香氛品、洗髮精、代理廚具）
12. 娘家（各式保健品）
13. 老協珍（佛跳牆、米漢堡、滴雞精）
14. 三得利（多款保健品）
15. 三多（多款保健品）
16. 愛之味（食品、飲料）
17. 義美（食品、飲料、保健品）
18. 味丹（泡麵、代理金酒、飲料）
19. 可口可樂（茶飲料、可樂）
20. 大樹藥局連鎖店
21. Costco（好市多）量販店
22. 寶雅連鎖店
23. 全聯超市連鎖店
24. 家樂福量販店
25. 新光三越百貨公司
26. SOGO百貨公司
27. 三井Outlet

三、產品組合優化及多樣化的5大作法

要如何進行產品組合優化及多樣化？主要有五大方向需努力去做：

1. 高階主管群先確定這產品組合的策略、方向，以及決策指示。
2. 幕僚企劃及行銷部門應提出整體市場、產品發展及競爭對手的資料比較分析及建議。
3. 各營運部門（業務部、商品開發部）應將此工作，納入每年度計劃內，落實推動。

4. 可朝自製產品＋代理產品雙路線並進。
5. 每年底舉行一次「產品組合優化」落實檢討及策勵會議。

圖16-2　產品組合優化及多樣化5大作法

1.高階主管群先確立產品優化之方向及策略

2.幕僚企劃及行銷部應提出市場及競爭對手比較分析

3.業務部及商品開發部應展開每年度執行計劃

4.可朝自製＋代理產品雙路線進行

5.每年底召開一次產品組合優化的成效檢討大會

黃金法則 17

數字會說話，數字就是消費者的聲音

數字會說話，數字就是消費者的聲音

一、銷售數字，代表消費者對哪些面向的喜好及需求？

從行銷面來說，廣大消費者的喜好及需求，會表現在下列幾個面向：

1. 口味
2. 功能
3. 款式
4. 款型
5. 設計風格
6. 配方
7. 容量
8. 包裝
9. 規格
10. 品牌
11. 品類
12. 品項

二、案例

茲列舉下列案例：

1. 超商便當口味，哪一種好賣？
2. 汽車車型（一般車、休旅車、進口豪華車）哪一種好賣？
3. 服飾店哪些款式好賣？
4. 餐廳連鎖店哪種口味生意較好？
5. 咖啡館哪些口味咖啡好賣？
6. 中老年人保健品哪些種比較好賣？
7. 手機哪個品牌比較好賣？
8. 電動車哪個品牌賣得好？
9. 奶粉哪種配合比較好賣？
10. 茶飲料哪些品種比較好賣？
11. 洗髮精哪種功能比較好賣？

三、如何做好行銷的數字管理？

企業內部營運管理（營管）部門，必須做好：每天、每週、每月、每季、每年的各種損益、各種產品線、各種品牌別、各館別、各分公司、各地區別、各品類別……等之營運數字統計及比較分析表，上呈相關部門長官查看了解及掌握。

圖17-1　行銷數字管理內容

各品牌別	各產品線別	各館別
各分公司	各地區別	各品類別
各損益表別	各零售通路別	各經銷商別

↓

做好每天、每週、每月、每季、每年的銷售及營運數字統計分析，以使長官們確實掌握數字狀況。

此外，營管部門還須將各種銷售及營運數字，做好三種比較分析表，包括：

1. 自己與過去自己比較分析（例：與去年同期比較，與今年預算目標比較。）
2. 自己跟主力競爭對手的數字做比較分析。
3. 自己跟整個市場的成長或衰退，做比較分析。

圖17-2　行銷數字的三種比較分析

1.自己跟自己過去數字做比較分析 ＋ 2.自己跟主力競爭對手數字做比較分析 ＋ 3.自己跟整體市場數字做比較分析

↓

才能全面性掌握行銷及營運數字的精準性及比較性

MEMO

黃金法則 18

傾聽顧客聲音（VOC），堅定以顧客爲一切核心點

- 站在顧客立場去思考
- 要融入顧客的情境
- 從顧客視點為出發
- 比顧客還要了解顧客
- 只要顧好顧客，業績就會好起來
- 要不斷挖掘並滿足顧客需求
- 要為顧客解決問題及痛點
- 要讓顧客生活更美好
- 貫徹顧客為導向的信念
- 要為顧客創造更多的附加價值

傾聽顧客聲音（VOC），堅定以顧客為一切核心點

一、以顧客為核心的成功案例

例如：Apple（蘋果）、花王、統一、桂格、三星、SONY、麥當勞、Panasonic、象印、TOYOTA、優衣庫（Uniqlo）、7-11、全家、全聯、家樂福、瓦城、王品、momo、SOGO百貨、鼎泰豐、新光三越、日立、無印良品、P&G、中華電信……等。

二、如何做到、做好「以顧客為核心」及「堅定顧客導向」？

（一）教育訓練

行銷部要為全體員工上一堂「行銷學」及「顧客學」，使其成為全企業的組織文化及員工思維。

（二）新產品開發做起

任何新產品的開發及改良，都要傾聽顧客的意見及建議，顧客就是最好的產品開發人員。

（三）制定行銷策略

任何行銷策略的決定或決策，要多從顧客觀點來思考，以及必要時多做市調及顧客焦點座談會。

（四）滿意度調查

企業應定期做好顧客滿意度調查，藉以了解顧客對我們品牌的滿意度如何，以及可以改善方向在哪裡。

（五）一定預算

每年應撥出一筆預算，作為以顧客為中心的必要支用。

（六）年度檢討

每年底應舉辦以顧客為中心的檢討會議，並策訂來年的計畫。

（七）把顧客放在首位思考

凡事要思考：「要怎麼做？顧客才會喜歡、才會需要、才會感動、才會驚喜、才會購買、才會解決他們的生活。」

圖18-1　如何做到、做好「以顧客為核心」及「堅定顧客導向」

1.教育訓練，改變思維

2.從新產品開發做起

3.定期做滿意度調查，做查核

4.年度檢討大會

5.凡事要把顧客放在首位思考點

6.制定行銷決策時的第一個思考點

7.撥出一筆預算，做為執行此觀念的必要費用

。徹底堅定落實顧客導向
。用心做好以顧客為核心的首要思維

三、何謂VOC？（Voice of Customer）

所謂VOC，就是Voice of Customer，亦即傾聽顧客心聲（聲音），這是做行銷，最基本的第一堂課，也是根本理念。透過大量且全方位的做好VOC，我們可以精準且正確搜集到及了解到：

1. 顧客的真實需要與未來潛在需求。
2. 顧客真正想要的與期待的。
3. 顧客真正的欲望與喜愛與感動。

所以，企業做好VOC是非常重要的一件事。

圖18-2　做好VOC的益處

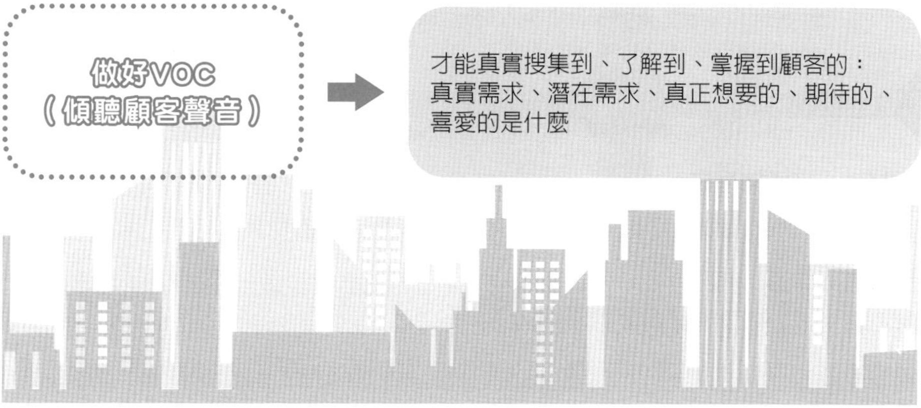

做好VOC
（傾聽顧客聲音）

才能真實搜集到、了解到、掌握到顧客的：
真實需求、潛在需求、真正想要的、期待的、
喜愛的是什麼

四、如何做好VOC的7大作法

企業要如何才能有效、快速、精準搜集顧客VOC，並做好VOC？主要有下列幾種方法：

（一）門市店

直接到各門市店、專賣店，請教、詢問顧客們，搜集他／她們的意見、想法與建議。

（二）第一線店長

召集第一線店長及業務員，每月一次舉行「VOC大會」，直接聽取第一線人員他們所聽到及感受到的顧客VOC。

（三）客服中心

每月一次，搜集「客服中心」的顧客來電或E-mail或LINE，加以彙總，並且歸納呈現顧客反應的VOC。

（四）顧客留言

在公司自己的官方線上商城，亦可以搜集平常顧客的各種留言，從中歸納出顧客的VOC。

（五）市調

公司可以自己或委託外面專業公司進行各式各樣的市調，以搜集質化及量化的各種市調結果數據，這些方法包括：

1. 舉辦3～5場焦點座談會（Focus Group Interview，FGI）。
2. 到門市店請顧客填寫問卷。
3. 打電話給近期曾購物的會員，進行電話問卷調查。

（六）官方粉絲團

公司亦可以從自己的FB及IG官方粉絲團上面，搜集到粉絲們表達的意見或心得。

（七）社群輿論搜尋

公司亦可以廣泛從外部的各種社群媒體及論壇媒體搜集到顧客的各種正面與負面的心聲。

黃金法則 19

徹底做好、做強——行銷致勝最根本的8項戰鬥力組合——行銷4P/1S/1B/2C

徹底做好、做強——行銷致勝最根本的8項戰鬥力組合——行銷4P/1S/1B/2C

根據訪問數十位企業實務界行銷經理人，以及我的個人過去工作經驗，可以歸納出，一個產品要暢銷、要賺錢、要持續下去，最核心根本點，就是要努力做好、做強下列所述的行銷8項戰鬥力組合體：

一、做好產品力（Product）

公司的產品，一定要做到：高品質、好品質、高顏值、好用、耐用、好看、好吃、有口碑、功能強大、不易故障、設計佳、技術升級、有保證、安全的、產品值得信賴的、使用後體驗感良好的、體驗值高的，真正優質好產品。

二、做好定價力（Price）

公司在產品定價上，要努力做到：平價的、高CP值的、物超所值的、高CV值的、庶民／親民價格的、花錢值得的、下次會有再想買的念頭、定價合理的、定價沒有暴利的、定價與產品價值相符合的、定價與其他品牌比較是有競爭力的。

三、做好通路力（Place）

公司產品在通路上架上，一定要做到：主流零售通路能上架，網購通路也能上架的全通路上架的優勢，真正做到OMO（線上＋線下融合）。能夠提供給顧客最方便、24小時、最快速、最便利、最容易找到、買到的狀況。

四、做好推廣力（Promotion）

公司產品在各種媒體上是有做廣告宣傳的，是有大量媒體報導露出的、是有做定期促銷優惠活動的、是有藝人代言的、是有網紅KOL推薦的、是有做多場體驗活動的、是有強大的專櫃／門市店銷售人員組織團隊的、是有做公益行銷的、是有做公關活動的。

五、做好服務力（Service）

公司在售前、售中及售後服務上面，有真正做到：親切、貼心、快速、有溫度的、能解決問題的、維修價格合理的、快速到宅的、令人感動的、客製化的、有尊榮感的真正好服務，令顧客滿意度很高。

六、做好品牌力（Branding）

能有高的品牌知名度、好感度、喜愛度、指名度、信賴度、忠誠度、黏著度、情感度、認同度……等目標。能長期持續投資在品牌身上，也能長期守住及提升品牌資產價值的，才是會令顧客長期性、高回購率的好品牌。

七、做好企業社會責任力（CSR）

公司必須能發揮慈悲心，善盡企業應盡的社會責任，亦即：多幫助貧困、偏鄉、病患、低薪、底層的捐助及贊助義舉。另外，也須做好對環境的保護，盡力做到減碳、減塑目標。

八、做好會員經營力（CRM）

服務業及零售業，必須發行會員卡，給會員有折扣優惠、有紅利集點回饋、重視VIP會員特別對待，做好老顧客／主顧客優惠；能維繫好與會員們的長期友好關係，能守住VIP會員的高留存率（retention），鞏固住這些主顧客、熟客、VIP會員的長期回購率及回店率。

圖19-1　打造出好的品牌力的七個度（品牌資產價值）

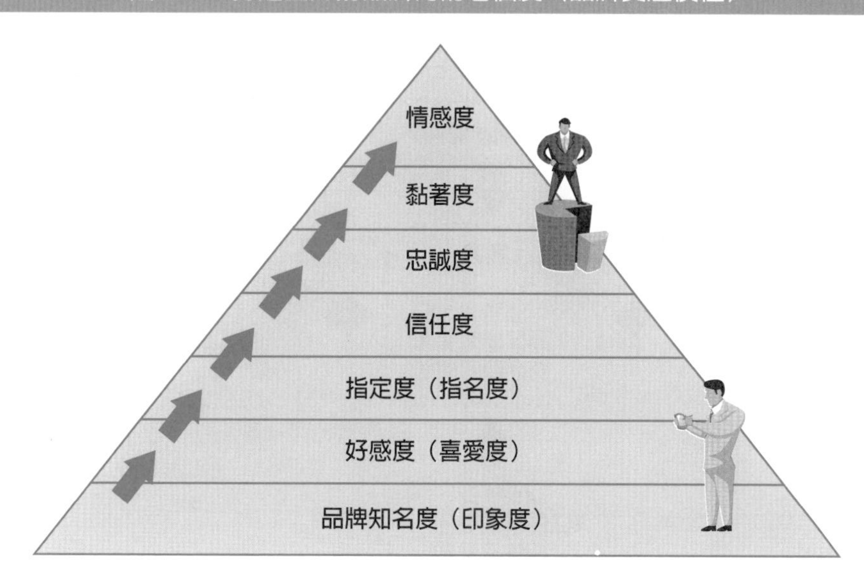

圖19-2　同時必要做好、做強行銷4P/1S/1B/2C 八項戰鬥力組合體

1.產品力（Product）＋ 2.定價力（Price）＋ 3.通路力（Place）

4.推廣力（Promotion）＋ 5.服務力（Service）＋ 6.品牌力（Branding）

7.企業社會責任力（CSR）＋ 8.會員經營力（CRM）

↓

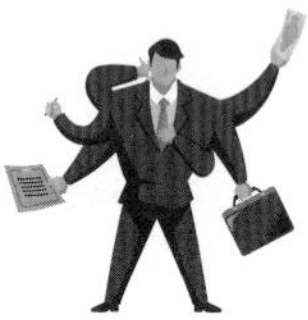

- 行銷致勝、成功
- 產品必定能暢銷
- 業績必能長紅
- 創造出市場第一名地位

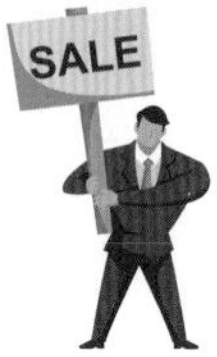

SALE

圖19-3　做好、做強行銷致勝的八項戰鬥力組合暨其他相關事項

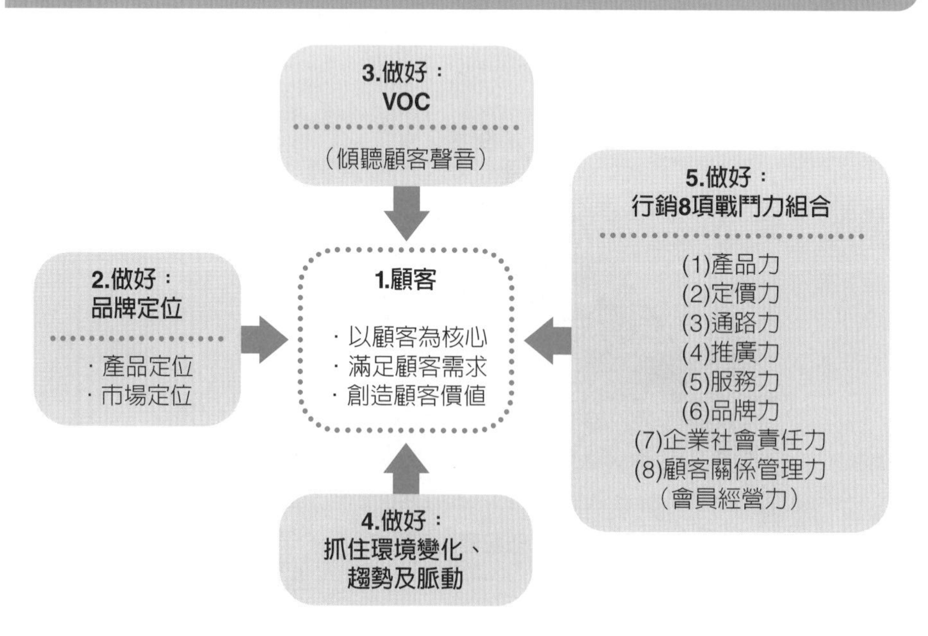

圖19-4 做好行銷4P/1S/1B/2C 八項戰鬥力的負責單位

1.產品力

(1)主要負責：
・商品開發部
・研發部
(2)協助：
・行銷部、製造部、業務部

2.定價力

(1)主要負責：
・業務部（營業部）
(2)協助：
・行銷部、會計部

3.通路力

(1)主要負責：
・業務部（營業部）
・物流部

4.推廣力

(1)主要負責：
・行銷部
(2)協助：
・業務部

5.服務力

(1)主要負責：
・客服部
(2)協助：
・門市部

6.品牌力

(1)主要負責：
・行銷部
(2)協助：
・委外各專業公司

7.企業社會責任力

(1)主要負責：
・新成立「ESG部門」
(2)協助：
・各部門

8.會員經營力

(1)主要負責：
・會員經營部
(2)協助：
・行銷部、業務部

團隊分工，全力以赴

MEMO

黃金法則 20

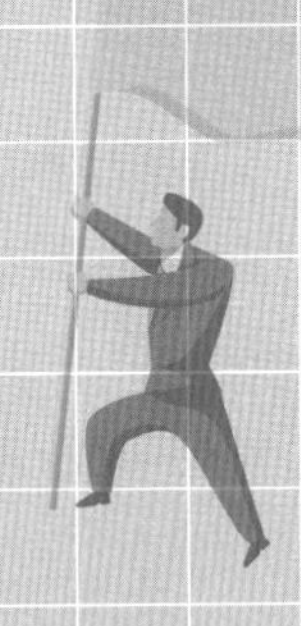

P&G（寶僑）行銷3法則：2W/1H

P&G（寶僑）行銷3法則：2W/1H

一、什麼是2W/1H行銷3法則？

全球知名的日用品集團P&G（寶僑）公司，素來即以會做行銷而出名。

該公司行銷法寶很多，其中，有一項最簡單的法寶，稱為「行銷3法則」，即做好、做強行銷2W/1H三件事情。什麼是行銷2W/1H呢？如下述：

（一）Who

這個東西、這個產品是要賣給誰呢？這群人的輪廓及樣貌大致如何呢？這群消費者，我們又可稱他／她們為TA（Target Audience），即目標消費族群或目標消費客層；我們一定要好好了解、觀察、分析、設定、掌握這群目標客群才行；亦即要用心、認真、有效的掌握這個「Who」才行。這群顧客、客戶、客群，是我們做行銷成功的最根本，沒有掌握好這個Who，行銷就不可能成功，因為，東西、產品不知賣給誰。

圖20-1　P&G行銷第一法則——掌握Who

（二）What

這群目標消費族群（TA），到底他／她們在衣、食、住、行、育、樂上面，有什麼樣的需求、期待、想要、喜歡、必要的是什麼呢？我們品牌廠商必定要快速、及時的滿足他／她們，使他／她們感到滿意。如果，我們的產品或服務，不能帶給他／她們更大、更快的需求滿足及滿意，那麼，這些產品也沒有用了。另外，我們的產品及服務，也必須帶給TA，更高、更多的附加價值，使TA們感受到這個產品及服務的「價值感受」及「好感」。

圖20-2 P&G行銷第二法則——掌握What

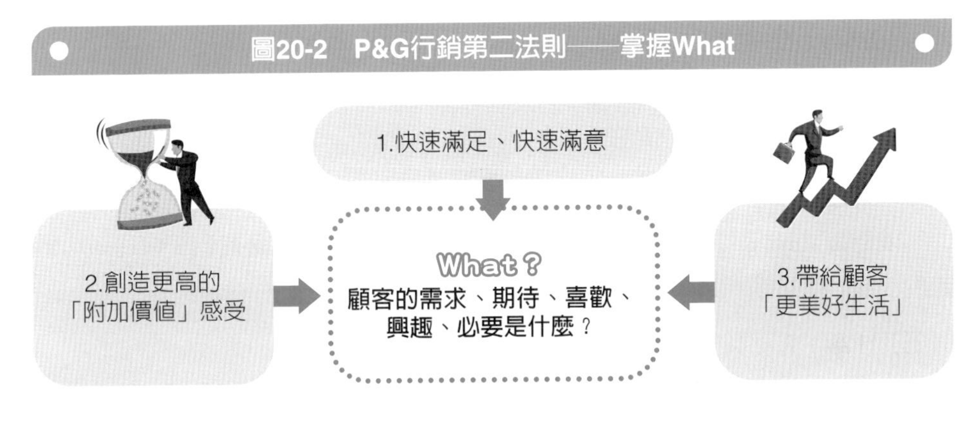

（三）How

當我們確定這個產品要賣給誰，清楚他／她們的輪廓及樣貌；而且，也進一步能掌握這群顧客的需求，期待與喜愛之後；接著，就要為這個產品做好與這群顧客們的溝通、傳播及廣宣。到底，我們該用哪些媒體管道、哪些實體管道，與他／她們觸及到？如何吸引他／她們注意到我們的品牌及產品？如何產生對我們產品的好印象、好感度呢？又如何才能觸動他／她們會想買我們的產品及品牌呢？

圖20-3 P&G行銷第三法則——掌握How

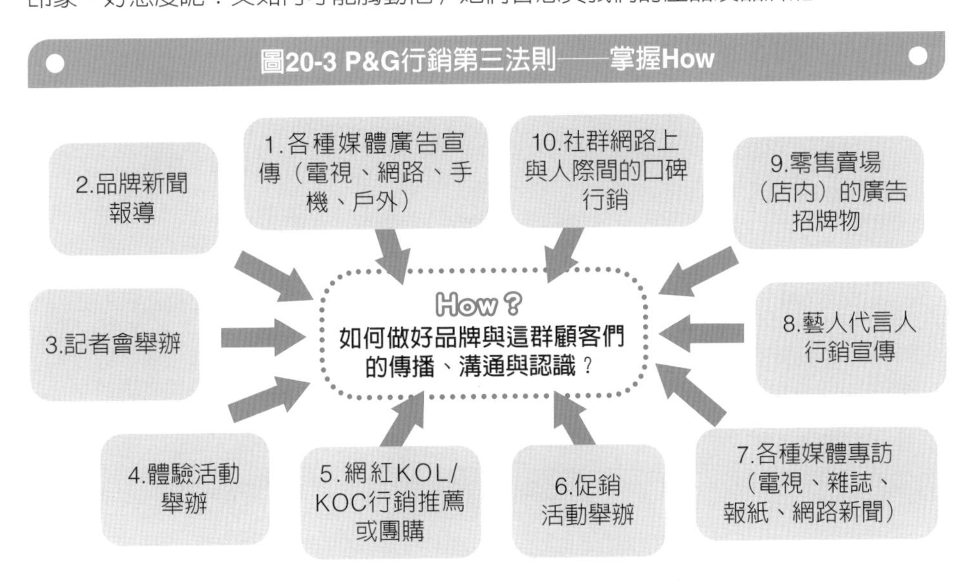

二、行銷3法則成功案例

針對上述行銷2W/1H 3法則，茲列舉13年前，統一超商7-11成功推出CITY CAFE 的成功案例，說明如下：

（一）Who：賣給誰（TA是誰）？

CITY CAFE定位在賣給年輕、都會的上班族為主力，女性占60%，男性占40%，喜歡每天定期喝一杯咖啡。

（二）What：她們的需求是什麼？

這群都會女性上班族對喝咖啡的需求是：平價、24小時可買到、快速、可帶走的、到處可買到、好喝的都會咖啡。

（三）How：如何與顧客們溝通、宣傳、增強印象？

CITY CAFE引用金馬獎影后桂綸鎂做廣告代言人，連續13年代言CITY CAFE，成功帶出都會女性喝咖啡的深刻印象；又喊出「整個城市都是我的咖啡館」的廣告金句slogan；加上13年前引進歐洲的自動化咖啡機的方便性及快速性，終使得CITY CAFE一炮而紅；至今，每年賣出3億杯，平均每杯45元，每年創造出130億營收，每年獲利26億元可觀利潤。

圖20-4 P&G簡易型行銷3法則——2W/1H

1.Who：
- 產品要賣給誰？
- TA是誰？
- 他／她們的輪廓及樣貌是如何？

2.What：
- 這群目標顧客群的需求、期待、喜好、價值是在哪裡？
- 如何快速、及時的滿足他／她們這些需求？

行銷3法則（2W/1H）

3.How：
- 如何與這群目標顧客群做好溝通、廣告、宣傳、形成印象，以及觸動他／她們去購買？
- 如何使他／她們認同、知道、喜愛、信賴我們的品牌及產品？

黃金法則 21

走入第一線：掌握現場，做出正確行銷決策

走入第一線：掌握現場，做出正確行銷決策

一、「第一線」是指哪裡？

行銷人員走入第一線及掌握現場，是非常重要之事。所謂走入第一線，就是指要走入下列場合及現場：

1. 各直營門市店。
2. 各高級專賣店。
3. 各專櫃（百貨公司）。
4. 各超市、超商、量販店之零售店。
5. 各Outlet店。
6. 各工廠、製造現場。
7. 各物流、倉儲中心。
8. 各行銷活動現場（記者會、快閃店、體驗會、晚會、VIP會……等）。

圖21-1　行銷人員要走入第一線，了解現場、掌握現場

1.各直營門市店

2.各高級專賣店

3.各專櫃（百貨公司）

4.各超市、超商、量販店之零售店

5.各Outlet店

6.各工廠、製造現場

7.各物流、倉儲中心

8.各行銷活動現場（記者會、快閃店、體驗會、晚會、VIP會……等）

↓

要經常到第一線去觀察、去眼見為實、去了解、去掌握各種狀況，以利下正確行銷決策。

二、行銷人員為何要走入第一線？

行銷人員為何要經常走入第一線，主要有五大好處：

1. 避免自己坐井觀天，成為井底之蛙；產生誤判市場、誤判對手、誤判自己，而導致行銷失敗、決策失當。
2. 有助了解第一線的營運實況、在零售店的陳列狀況及顧客人潮狀況。
3. 有助了解第一線的店員及顧客實況，並搜集資訊情報。
4. 有利於行銷人員做出對的、正確的行銷決策及行銷策略。
5. 有助於寫出對的、好的行銷企劃案。

圖21-2 行銷人員走入第一線的5大好處

三、行銷人員到第一線，要做哪些事？

主要要做下列四項：

1. 要用心觀察及思考。對門市店、加盟店、零售賣場等各種品牌的陳列狀況、顧客人數狀況、服務狀況……等，均要加以用心去觀察及思考。
2. 要詢問門市店店長及店員一些問題，了解他們的現場意見及建議，帶回公司討論。
3. 要詢問零售賣場在現場的一些顧客，了解他／她們的意見及選擇品牌的因素及其他。
4. 回到公司，每次都要撰寫到第一線訪察的報告書及建議呈給上級看。

圖21-3　行銷人員到第一線，要做哪些事？

1.要在現場用心觀察及思考

2.要詢問現場店長及店員一些問題

3.要詢問現場顧客意見

4.回公司，要寫出一份現場訪察報告

- 有效觀察現場運作
- 有效訪談店長、店員及顧客
- 有效搜集現場珍貴的資訊情報

黃金法則 22

促銷型廣告最有效

促銷型廣告最有效

最近一、二年來，由於高通膨、高利率、全球景氣寒冬、台灣電子業出口衰退，導致整個消費力道不振；在廠商各種行銷工具中，目前對業績提振比較有效果的，就屬「促銷型廣告」。

一、廣告類型分析

根據我每天晚上看電視廣告的實際統計中，各廣告類型的占比分析如下：

1. 產品功能型廣告：占70%
2. 促銷型廣告：占20%
3. 企業形象型：占5%
4. 公益廣告與政府廣告：占5%

二、促銷型廣告實例

據最近幾個月來，看電視廣告＋網路廣告，有播過促銷型廣告的廠商，如下：

1. 家電業：Panasonic、日立、大金。
2. 機車業：光陽、三陽。
3. 汽車業：TOYOTA（和泰）。
4. 藥妝連鎖店：屈臣氏、康是美。
5. 百貨公司：SOGO百貨、新光三越、遠東百貨（週年慶）。
6. 超市、量販店、超商：全聯、家樂福、7-11。
7. 速食：麥當勞。
8. 美妝保養：蘭蔻、萊雅、雅詩蘭黛。

三、廣告類型預算最佳的組合分配占比

根據實務研究顯示，一個每年數千萬～數億元的中大型品牌廠商，他們在廣告類型預算的組合分配占比，最好的模式如下：

1. 產品功能型廣告：占60%
2. 促銷型廣告：占30%
3. 公益＋形象型廣告：占10%

圖22-1　廣告類型預算組合占比

1.產品功能型廣告：占60%

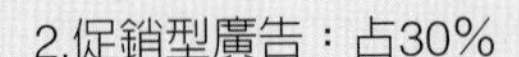

3.公益＋企業形象廣告：占10%

兼具對品牌力及業績力的幫助

四、各類型廣告的助益

如下圖示，三大類型的廣告助益：

圖22-2　廣告助益

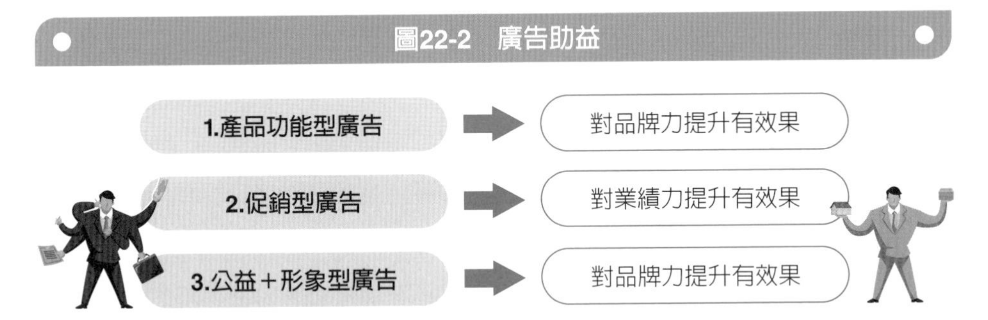

五、促銷型廣告的唯一缺點

促銷型廣告雖然對公司業績提振有一些助益，但其唯一缺點，就是促銷活動將會減損或降低公司的毛利率及獲利率。例如：像買一送一的促銷活動，就是打五折的意思，毛利率將損失五成之多。但是，在經濟景氣衰退、業績不振、營收目標無法達成的狀況下，此種犧牲毛利率的促銷活動檔期及促銷型廣告，仍要推動去做，才能挽救業績及營收。

MEMO

黃金法則 23

對現狀永不滿足＋時刻保持危機意識＝企業能長期存活

對現狀永不滿足＋時刻保持危機意識＝企業能長期存活

一、企業長期存活2大指導方針

做行銷工作或行銷人員，亦必須關心到企業的整體經營面；整體經營不好，做行銷再努力也沒用。而在整體經營面，就是要關心企業能否長期存活？企業長期存活的2大指導方針，就是要做到：

1. 對現狀永不滿足。
2. 時刻保持危機意識。

圖23-1　企業能長期存活2大指導方針

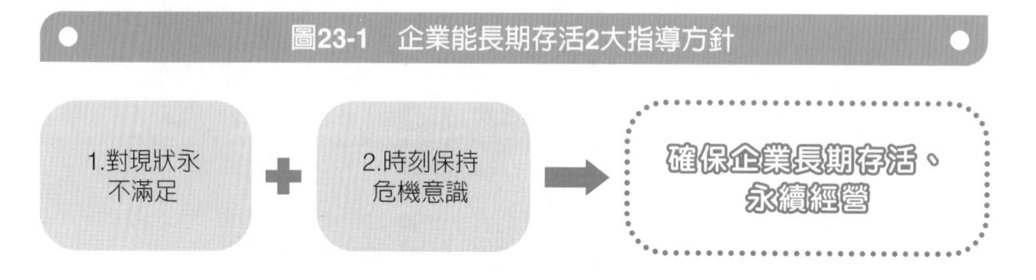

二、企業必須保有哪些危機意識？

企業必須關注的危機意識主要有下列12點：

1. 技術被超越或被取代的危機。
2. 產品業績被競爭對手瓜分的危機。
3. 市場競爭劇烈，新加入品牌愈來愈多的危機。
4. 市占率下降的危機。
5. 全球及國內經濟景氣衰退、消費力不振的危機。
6. 品牌力愈趨老化及下滑的危機。
7. 顧客滿意度下降的危機。
8. 成本上升與定價競爭力下滑的危機。
9. 廣告投放聲量不足的危機。
10. B2B主力客戶可能跑掉的危機。
11. 全球地緣政治及政治與軍事對立、衝突之危機。
12. 全球供應鏈改變或斷鏈之危機。

圖23-2　企業必須面對12種危機意識

1.技術被超越或取代危機	2.業績被競爭對手瓜分危機	3.新加入品牌或對手愈來愈多危機
4.市占率下降危機	5.全球及國內經濟景氣不振衰退危機	6.品牌老化危機
7.顧客滿意度下滑危機	8.成本上升及價格競爭力下降之危機	9.廣告投放聲量不足及品牌力下滑危機
10.B2B主力客戶可能跑掉危機	11.全球地緣政治及軍事衝突危機	12.全球供應鏈改變或斷鏈危機

企業必須保有12種危機意識，才能因應變局

三、企業危機來自3大面向

企業的危機可歸納為如下的三大面向：

1. 全球國際／國內大環境不利變化的危機面向。
2. 國內外強大競爭對手加劇競爭的不利危機面向。
3. 來自公司自身能力及條件不利變化的面向。

圖23-3　企業危機來自3大面向

1.全球大環境改變的不利危機面向

2.面對強大競爭對手的危機面向

3.來自自身條件及能力改變的危機面向

企業必須好好應對這3大面向的危機

四、企業該如何做好保有高的危機意識？

企業應該如何做，才能保有高的危機意識？主要有4項：

1. 企業高階必須把「全員危機意識」，納入組織文化及企業文化裡面，形成企業及全員的DNA。
2. 新進人員教育訓練內容，必須把「危機意識」納入第一頁講義內。
3. 每年要設定成長型目標，包括營收、獲利、生產良率、客戶數、訂單數等，都要保持一定比例的成長性；從成長當中，證明我們公司及全員都保有高度危機意識。
4. 每季（三個月）檢討一次本公司在各種面向的全球競爭力及競爭優勢，是否仍然保持、保有，以及局部領先。

圖23-4　如何保有危機意識

1.把危機意識納入全員組織文化DNA

＋

2.把危機意識納入新進人員教育訓練第一堂課

3.每年設定成長目標，從成長中去實踐危機意識

4.每季一次，檢討公司各種面向的競爭力及競爭優勢是否領先

。確實全員保有危機意識
。在危機意識中，再追求持續成長

黃金法則 24

全力加強鞏固主顧客：提高回購率、回流率、留存率及忠誠度

全力加強鞏固主顧客：提高回購率、回流率、留存率及忠誠度

一、加強鞏固主顧客的4大好處

企業經營及做行銷，最重要的一件事，就是必須思考及落實如何能夠鞏固主顧客的思維及作法。加強鞏固主顧客的回購率、回流率、留存率及忠誠度，主要可以獲得4項好處：

1. 可以鞏固住每年穩定的業績額及獲利額。
2. 可以鞏固穩定與足夠的顧客人數。
3. 可以不必再花很高成本去找新顧客進來。
4. 不怕別公司搶顧客。

圖24-1　加強鞏固主顧客4大好處

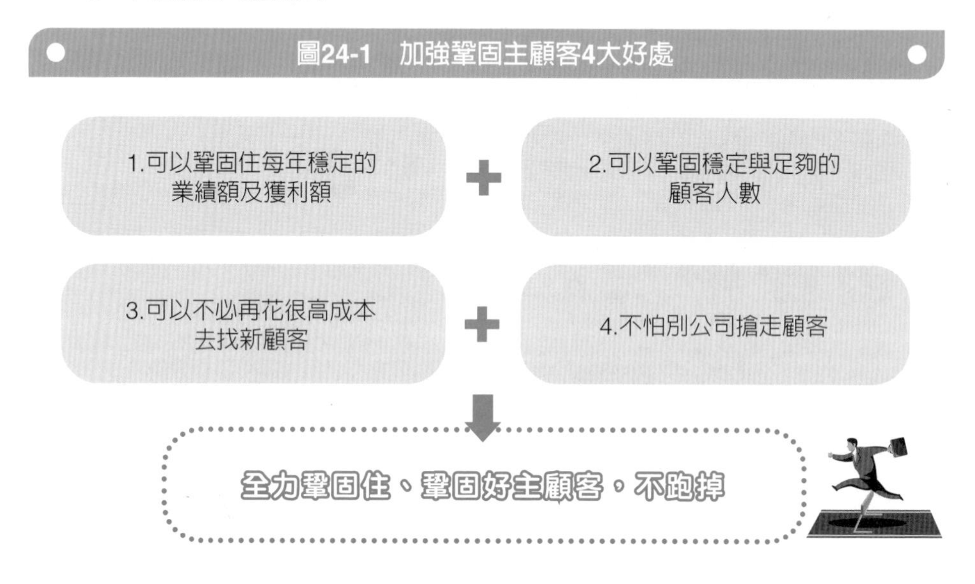

二、鞏固住主顧客的成功案例

根據實務研究顯示，下列各公司每年營收（業績）的8成以上，都來自主顧客的貢獻，如下：

圖24-2　成功案例（8成業績來自主顧客貢獻）

1.SOGO百貨忠孝館	14.好來（黑人）牙膏
2.東森電視購物	15.Oral-B牙線
3.momo電商網購	16.花仙子芳香劑
4.屈臣氏	17.林鳳營鮮奶
5.Costco（好市多）	18.誠品書店
6.全聯超市	19.博客來網購
7.家樂福	20.Panasonic電冰箱、洗衣機
8.全國電子	21.王品餐飲
9.寶雅	22.瓦城餐飲
10.統一泡麵	23.饗食天堂
11.iPhone手機	24.欣葉自助餐
12.桂格燕麥片	25.其他品牌
13.善存維他命	

三、如何加強留住、鞏固住主顧客？

企業要如何做，才能留住、鞏固住這些主顧客（或會員）？有如下12點：

（一）定期保持產品的創新、改良、改版、加值、升級

例如：像iPhone手機17年來，每年都推出新款，從iPhone 1到iPhone 16，有效鞏固住一大批「果粉」。所以，企業或品牌廠商必須定期保持既有產品的不斷創新、改良、改版、加值及升級，避免主顧客感受到企業的持續進步及滿足主顧客的新需求與新期待。

（二）發行會員卡，給會員折扣或紅利集點優惠回饋

第2個作法，就是很多零售業、服務業、餐飲業，都會發行會員卡，給予會員折扣及紅利集點優惠，藉此留住主顧客常來。例如：

1. 全聯會員卡：1,000萬卡
2. 家樂福：700萬卡
3. Costco（好市多）：300萬卡

4. 寶雅：600萬卡
5. 屈臣氏：600萬卡
6. 統一超商／全家：1,500萬卡
7. 誠品書局：250萬卡
8. 此外，還有SOGO百貨、新光三越百貨、特力屋、微風百貨、大潤發、王品、瓦城、大樹藥局……等。

（三）定期開發新產品、新車型、新口味、新店型、新專櫃

為鞏固有一群喜新厭舊的顧客群，企業或品牌廠商必須定期開發新產品、新口味、新款式、新車型、引進新專櫃……等，才能避免這一群人的流失。總之，企業每年必須做一些求新、求變的行動出來，才能長期性鞏固住主顧客及主會員。

（四）定期做大型促銷活動檔期，以實際回饋主顧客

企業及品牌廠商必須每年定期做幾次大型促銷優惠活動，以省錢回饋主顧客；企業必須更大方以讓利態度，實際讓主顧客感受到廠商的真心真意，而不是只想賺錢而已。

（五）確實做好售前、售中、售後服務，提升顧客滿意度

品牌廠商或企業除了賣產品之外，也必須同時注重服務品質的重要性。此即，企業在各種服務上，必須做到：迅速、親切、貼心、有禮貌、能解決問題、有溫度的、尊榮的現場服務及售後維修服務。唯有：「產品好」+「服務好」，才能長期維繫住與主顧客、主會員的良好關係。

（六）推出各種產品，必須讓主顧客在定價上，有高CP值感

企業要注意在產品零售價格的定價上，絕對不能有暴利或任意抬高價格的狀況；在產品定價感受上，必須做到讓主顧客長期感受到，真的是高CP值感、物超所值感，主顧客也才會長期回購及回流。

（七）長期保持適當的廣告宣傳曝光率

企業或品牌廠商必須每年投數千萬元到數億元的廣告宣傳費，讓「品牌」及「企業」印象感及信任感，能夠長期留存在主顧客、主會員的心目中及眼光中；千萬不要讓主顧客忘記我們品牌的存在感及疑慮心。這種廣告宣傳的曝光率是reminding（提醒）主顧客，我還在你們身邊左右。

（八）零售百貨業者要不斷優化產品組合、專櫃組合，更滿足主顧客需求

零售百貨業者（包括：百貨公司、超商、超市、量販店、Outlet、購物中心、美妝店、藥局、3C家電店、五金家用品店……等），都必須不斷思考及採取優化產品組合及專櫃組合的策略，才能長期更滿足主顧客的變化需求及新時代需求，也才會更有效黏住主顧客的心及行動。

（九）對VIP級貴賓，更要採取尊榮、尊寵的行動

零售百貨業及高端產品業者，對於貢獻公司榮績甚多比例的VIP級貴賓、貴客，更要採取更多的禮遇、尊榮、尊寵的措施來對待，才能有效留住這些極高端的重量級的VIP貴客。

（十）長期保持消費大眾的好口碑

企業或品牌廠商必須注意到及努力做好該企業或該品牌，在消費大眾中，能夠長期保持好口碑、好形象，能夠長期得到消費大眾及社會的深度肯定。

（十一）長期經營好品牌力的七個度

品牌廠商及企業必須透過全方位的自我努力，長期經營好自身的品牌資產價值，亦即，不斷、持續提高及強化以下品牌七個度；企業努力做好、做強品牌七個度，那麼品牌就會長期與主顧客融合在一起了：

1. 品牌知名度
2. 品牌好感度
3. 品牌指名度
4. 品牌信任度
5. 品牌忠誠度
6. 品牌黏著度
7. 品牌情感度

（十二）多做公益活動，幫助弱勢，善盡社會責任

最後，現代社會很重視大企業、大品牌的企業社會責任；所以，品牌廠商及零售百貨業，每年必須規劃好，多做公益活動，多幫助弱勢族群，多注重環保維護；最終，這些大企業、大品牌才會得到社會大眾及主顧客的尊敬及肯定。

圖24-3　加強留住、鞏固住主顧客12種作法

1.定期保持產品的創新、改良、改版、加值、升級	2.發行會員卡，給會員折扣或紅利集點優惠回饋	3.定期開發新產品、新車型、新口味、新專櫃、新店型
4.定期做大型促銷活動檔期，以實際回饋主顧客	5.確實做好售前、售中、售後服務，提升顧客滿意度	6.在產品定價上，必須讓主顧客有高CP值感
7.長期保持適當的廣告宣傳曝光率	8.要不斷優化產品組合及專櫃組合，更滿足主顧客需求	9.對VIP級貴賓，更要尊榮、尊寵對待
10.要長期保持消費大眾好口碑	11.長期經營好品牌力的七個度	12.多做公益活動，善盡社會責任

牢牢、長期的鞏固、留住主顧客、主會員

黃金法則 25

應變行銷學＋70分行銷學＝行銷致勝新契機

應變行銷學＋70分行銷學＝行銷致勝新契機

一、應變行銷學：應什麼變？

企業或品牌廠商每天營運中，都會面對來自外部環境變化的影響，而這影響都會導致企業營運績效的變好或變壞，企業必須關心、重視及應變才行。

（一）國際大環境的變化

第一個變化，就是來自國外及全球大環境的變化影響，包括：

1. 地緣政治、中美兩大國的競爭對立及俄烏戰爭影響。
2. 全球通貨膨脹影響。
3. 全球升息影響。
4. 台灣出口衰退。
5. 全球經濟成長緩慢。
6. 台幣貶值。

（二）國內大環境的變化

台灣大環境這幾年來，也有下列有利及不利的大環境變化影響，如下：

1. 少子化（人口持續減少），影響各行各業的市場產值。
2. 老人化社會來臨，使各種藥品、藥局、保健品需求增加。
3. 低薪時代來臨，使得庶民消費局面出現。
4. M型化消費社會來臨，市場上出現二個極端，一邊是高端消費者，另一邊則是低端庶民消費者。
5. 外食人口增加，外食餐飲需求上升。
6. 網購電商行業皆持續成長。如：momo、PCHome、蝦皮……等，以及各大品牌的官網電商。
7. 各零售業、服務業走向OMO（線上＋線下）、全通路的格局。
8. 年輕人不婚、不生、單身人口增多。
9. 各行各業新加入品牌增多，各消費品業、各餐飲業、各耐久品業……等，激烈競爭強度拉高了，彼此都在爭奪市場及顧客。
10. 通路巨獸、通路為王來臨。例如：全聯、7-11、家樂福愈做愈大。
11. 百貨公司餐飲類持續成長，成為第一大收入品類。
12. 各零售業持續展店，擴大規模。例如：全聯、7-11、大樹藥局、寶雅、三井Outlet、全家……等。

13. 各行各業都加強促銷優惠以吸客及提振業績，使得：行銷＝促銷。
14. 台灣全年廣告量持平，無顯著成長，也無顯著衰退。全年台灣500億廣告量，養著全台6大媒體公司及幾十萬從業人員。
15. 手搖飲店及餐飲店持續成長，仍有需求性。
16. 數位（網路）廣告已達高峰點，不易再成長。
17. 電視廣告投放，仍是中年人、老年人產品業者的必要性。
18. 品牌CSR善盡企業社會責任，以及品牌ESG永續環境保護，仍是必要之行動。
19. 國內貧富差距日益擴大，有錢人依舊有錢，沒錢的人依然低收入。
20. 電動汽車、電動機車、大型休旅車成長崛起。
21. 新冠疫情，使抗菌、抗病毒洗衣精、洗碗精、冷氣機出現且成長。
22. 毛小孩寵物食品需求顯著成長增加。

二、「應變行銷學」的17項必要調整與應變事項

企業與品牌廠商在面對全球與國內大環境的多種變化影響下，必須要做好如下圖示的17項「調整」與「應變」對策才行：

圖25-1 「應變行銷學」17項必要調整與應變事項

1.在營運大方向及發展大目標上	2.在各項執行策略上	3.在實際作法上
4.在整體資源分配上	5.在組織人力調整上	6.在產品組合與新品開發上
7.在技術與研發取向上	8.在通路合作層面上	9.在廣告製作及投放上
10.在市占率鞏固上	11.在穩住主顧客上	12.在會員經營上
13.在價格政策上	14.在促銷活動決策上	15.在年度業績達成上
16.在各種媒體報導宣傳上	17.在各種推廣手法上	

採取必要的「調整」與「應變」對策

三、「應變行銷學」的7項指導原則

企業的「應變行銷學」必須掌握好以下7項指導原則：

1. 要快速的。
2. 要機動的。
3. 要彈性的。
4. 要具革新、創新的。
5. 要打破傳統的。
6. 要敏銳性、警覺性的。
7. 要具效果性、效益性的。

圖25-2　「應變行銷學」7項指導原則

1.要快速的
2.要機動的
3.要高度彈性的
4.要具革新與創新的
5.要打破傳統的
6.要敏銳性、警覺性的
7.要有效果性及效益性的

成功面對內／外部大環境的巨大變化

四、70分行銷學，不必等待100分

企業或品牌廠商在面對各種內／外部大環境的有利與不利變化時，必須採取快速、機動、彈性的因應計劃及行動；此時，只要有70分的做好準備，就可推出去、去執行、去行動，不必坐等100分計劃的到來。因為，可以採取邊做、邊修、邊改、邊調整的方式，一直會調到最好為止；這就是「70分行銷學」的真正意涵。

圖25-3　70分行銷學，邊做、邊修、邊改，直到100分為止

70分行銷學 →
- 趕快落實去做
- 有70分準備就可以
- 不必空等100分到來
- 可以邊做、邊修、邊改，會一直快速調整到最好為止

→ 行銷致勝到來

黃金法則 26

專注本業＋不斷精進＝成功勝利

專注本業＋不斷精進＝成功勝利

一、專注本業＋不斷精進的意涵

品牌廠商經營能夠成功勝利的2大根本準則，就是要：

（一）專注本業／聚焦本業

即focus（專注、聚焦、集中）在本業上的經營與行銷；儘量少做不擅長的多角化經營，否則，容易失敗且分散力量，影響本業穩定性。另外，專注本業，也會產生好的競爭力及競爭優勢，力求在專注中，尋求更大的成長。

（二）不斷精進

即是企業要不斷精益求精、不斷與時俱進、不斷創新突破、不斷大步前進。不斷精進，就能保持領先，朝向永續不敗。

圖26　企業成功勝利2大根本準則

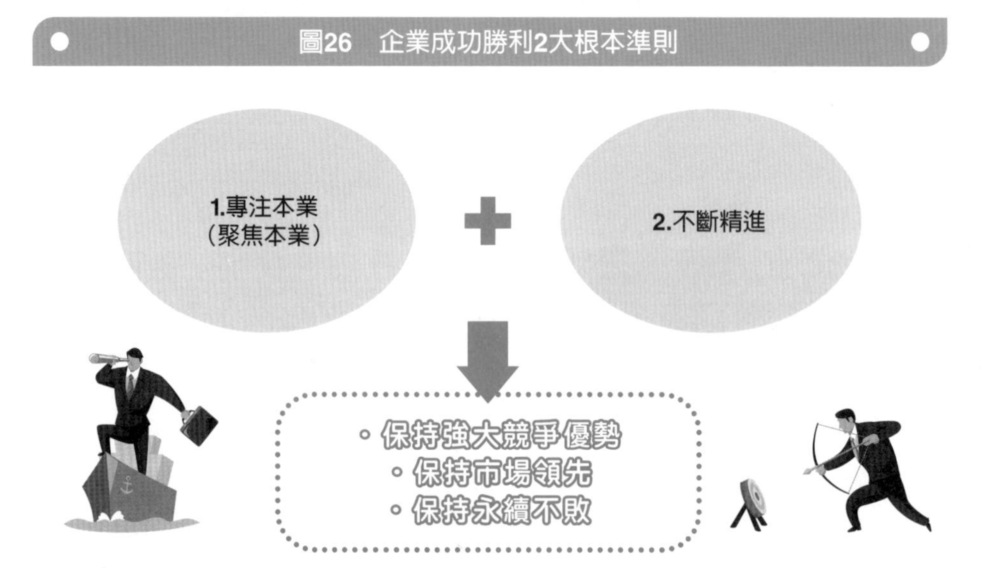

二、專注本業＋不斷精進的成功案例

茲列舉國內企業在專注本業＋不斷精進的成功案例：

1. 統一企業（專注食品、飲料業）
2. momo（專注電商網購業）
3. Panasonic（專注大家電、小家電業）

4. Dyson（專注高檔小家電）
5. 麥當勞（專注西式速食業）
6. 王品／瓦城（專注多品牌餐飲業）
7. 乾杯（專注燒肉餐廳）
8. 和泰汽車（專注TOYOTA汽車總代理及總行銷）
9. 好來牙膏（專注牙膏業）
10. 桂冠（專注火鍋料、湯圓業）
11. 娘家品牌（專注中老年保健品）
12. 善存（專注維他命及其他藥品業）
13. 三井Outlet（專注Outlet業）
14. 全聯（專注超市、量販店業）
15. 7-11／全家（專注超商主業）
16. 愛之味、義美、味全（專注食品／飲料業）
17. SOGO／新光三越（專注百貨公司業）
18. 花仙子（專注香氣除臭產品業）
19. 欣葉、饗賓、築間、漢來（專注餐廳連鎖業）
20. 八方雲集（專注鍋貼、水餃業）
21. 台積電（專注晶圓產品業）
22. 萊雅（專注多品牌彩妝保養品業）

MEMO

黃金法則 27

成立消費者研究中心：真正洞悉消費者需求及變化脈動

成立消費者研究中心：真正洞悉消費者需求及變化脈動

一、何謂CRC？

目前，全球及台灣很多大企業、大品牌，組織內部都有成立CRC，即「Consumer Research Center」（消費者研究中心）；例如，像台灣松下（Panasonic）、P&G、Unilever（聯合利華）、雀巢、萊雅……等大企業都有CRC中心或類似的功能小組、部門……等。

圖27-1　大企業、大品牌都有成立「消費者研究中心」、「消費者研究小組」等組織

大企業、大品牌
· Panasonic、P&G、Unilever、雀巢、萊雅……等

↓

· 成立「消費者研究中心」、「消費者研究小組」

↓

· 徹底、及時洞悉消費者需求及改變脈動

二、中小型品牌，CRC可併在行銷企劃部內

但是，如果是中小型品牌，沒有太多預算的話，就將「消費者研究」專責工作，併在原有的行銷企劃部即可，可節省人力成本負擔。

三、「消費者研究中心」做些什麼事呢？

大公司、大品牌成立「消費者研究中心」，主要都在做哪些事？經訪問實務界行銷人士，歸納出他／她們做的事，包括：

1. 消費者對各種產品的生活需求、期待及喜好研究。
2. 消費者對產品的設計及色彩的偏好研究。
3. 消費者對現有產品及服務的滿意程度，以及未來革新方向研究。
4. 消費者對品牌印象、好感度、信賴度之研究。
5. 消費者對產品購買影響因素研究。
6. 消費者對購買通路行為研究。
7. 消費者對產品價格多少的認知影響研究。
8. 消費者對廣告訴求、主張及認知的影響研究。
9. 消費者對促銷影響購買行為研究。
10. 消費者對新產品接受度研究。
11. 外部經濟景氣狀況對消費者購買行為影響研究。
12. 消費者對口碑行銷影響其購買行為研究。
13. 消費者對口味、功能、機能、規格、配方、功效、耐用、包裝……等需求變化行為研究。
14. 消費者對收看及使用媒體行為研究。
15. 消費者對本公司品牌力、品牌資產變化狀況研究。
16. 消費者對各大品牌間比較性研究。
17. 消費者消費價値觀改變脈絡研究。
18. 少子化、老年化、單身化、不婚不生化、躺平化、低薪化、月光族、貧富差距大……等，對消費者之變化與影響研究。

圖27-2　消費者研究中心、研究小組的工作內容

1.消費者對產品需求、期待、喜好之研究	2.消費者對產品設計方向之研究	3.消費者對產品滿意度及改革方向之研究
4.消費者對品牌印象度、好感度、信賴度之研究	5.消費者對產品購買行為因素之研究	6.消費者對購買通路之研究
7.消費者對價格認知及接受度研究	8.消費者對廣告影響之研究	9.消費者對促銷影響購買之研究
10.消費者對新產品接受度之研究	11.外部經濟景氣對購買行為之研究	12.消費者對口碑影響購買行為之研究
13.消費者對口味、功能、規格、配方、功效、包裝需求之研究	14.消費者對使用媒體行為之研究	15.消費者對品牌資產價值長期變化因素之研究
16.消費者消費價值觀改變脈絡之研究	17.消費者對各大品牌間之比較研究	18.少子化、老年化、單身化、不婚不生化、低薪化、貧富差距大之影響變化研究

- 真正洞悉及掌握消費者行為及想法的變化
- 做好行銷應變的策略及措施

黃金法則 28

專注研發，提升價值：要做價值競爭

專注研發，提升價值：要做價值競爭

一、價值→價格→利潤，三者環環相扣

對高科技產品、3C產品、家電產品、汽車產品，或者是彩妝保養品、日常消費品、餐飲業……等，公司的研發工作（R&D）或是商品開發部門的工作，都是非常重要的；因為這些部門關係著產品的價值是否能夠不斷提升、升級及加值的任務目標，唯有不斷提升研發能力及商品開發能力，才能不斷拉高價值（value）所在；能拉高價值，就能提高價格，最後就能提升獲利能力。

圖28-1　專注研發，提升價值：做價值競爭

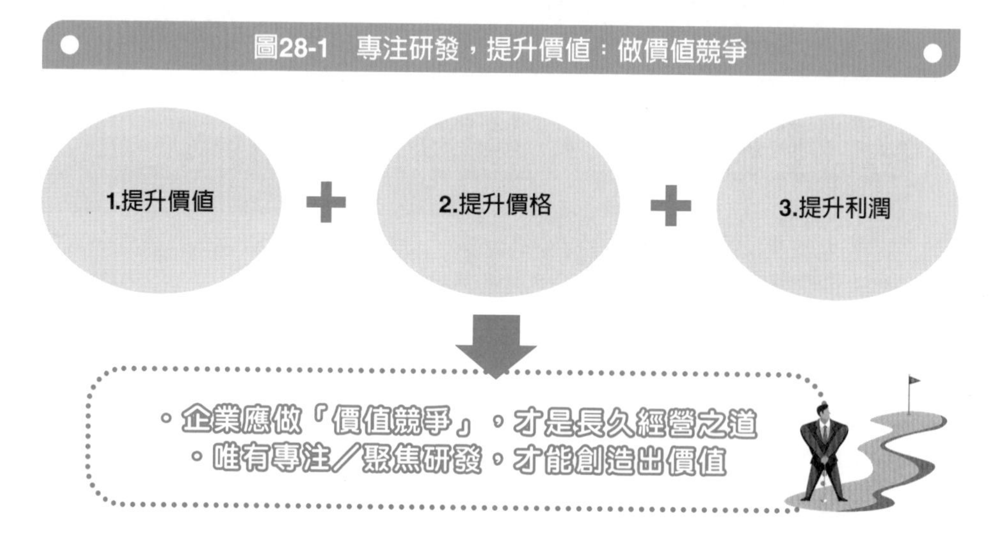

二、企業創造「價值」的8種來源

企業要做「價值經營」，必須努力從研發部門、商品開發部門、製造部門……等三大主力部門，努力、用心去不斷創造出產品價值出來。企業創造價值，主要可包括八種來源，如下：

1. 尖端技術突破價值。
2. 製程技術突破價值。
3. 商品功效、功能及效果突破價值。
4. 製造良率提高價值。
5. 商品耐用度提高價值。

6. 商品設計突破價值。

7. 商品保證價值。

8. 各種能夠滿足B2C顧客及B2B客戶未來性需求突破價值。

圖28-2　企業創造「價值」8種來源

1.尖端技術突破價值	2.製程技術突破價值	3.商品功效、功能及效果突破價值	4.製造良率提高價值
5.商品耐用度提高價值	6.商品設計度突破價值	7.商品保證價值	8.各種能夠滿足B2B客戶及B2C顧客未來性需求突破價值

- 全面拉高企業價值競爭的實力
- 打造高價格、高利潤的成果

三、如何做出「價值競爭」？如何專注研發，提升價值？

企業要如何做好、做強「價值競爭」呢？可從以下八種作法去實踐：

（一）強化研發／商品開發部門的高級人力及平均高素質

「價值」、「附加價值」產生的最大根源，就在研發部（R&D）或商品開發部。因此，企業必須不斷強化高級及頂尖的科技研發及技術優秀人才；除此之外，也必須拉升研發部及商品開發部人員的整體研發素質。就像國內的：台積電、聯發科、大立光、鴻海、台達電……等優秀高科技公司，他們的成功，首要就在於有高素質的科研人才團隊。

（二）增購最頂尖、先進的製造設備及研發設備

其次，公司還必須撥出大量資金，從國內外購進最先進、最頂尖的製造設備及研發設備，才能如期製造生產出高良率及高品質、高功效的好產品出來，這種大筆投資是不能手軟的，必須要有深口袋（資金充分）才行。

（三）每年設定研發部門工作目標

做好目標管理，接著，公司必須針對研發部及商品開發部訂下每年度應達成的各種技術突破目標及新品開發目標；能落實目標管理，企業才能不斷向前進步，也才能創造出更多的「價值」出來。

（四）準備充足資金支援

公司必須做好「重大資本支出預算」，從各方面準備好充足資金支援最新廠房、最新設備、最好人才的成本支出。

（五）掌握好B2B及B2C的客戶需求

公司創造任何附加價值，必須是這些價值，都是客戶現在及未來的必要需求才行。不能為研發而做研發，必須認知做好：研發＝需求，才會成功。

（六）年底舉行「價值創造」檢討大會

每年底，公司必須召開一次「價值創造」檢討大會，檢討及省思這一年12個月來，各重要部門做了哪些「創造價值」的真正貢獻出來；並且策勵規劃未來新的一年，要走往哪個方向、哪些策略、哪些技術及哪些目標與計劃。

（七）用物質獎金，激勵員工士氣及潛能

不管是高科技公司或傳統消費品公司，都可以創造出更多的產品價值出來；但，公司一定要做到在物質獎金方面，一定要有足夠的激勵性才行。包括：月薪、年終獎金、紅利獎金、三節獎金、業績獎金、貢獻獎金……等都必須大方付出，才能有效激勵員工及組織士氣與潛能。

（八）跨部門團隊合作，才能做出「價值」

最後，公司必須知道，價值的產出及創造，雖然以研發部及商品開發部為主力；但製造部、品管部、採購部、業務部、行銷部、物流部、客服部、資訊部、經營企劃部、法務部、人資部……等，也都不可忽視，必須一視同仁，組成一個全公司的跨部門合作團隊，共同努力與分工進行，才能創造出更多、更大、更有貢獻的「價值」出來。

圖28-3　如何做到、做出「價值競爭」的8項要點

1.強化研發及商品開發部門的高級人力及平均素質

2.增購最頂尖、先進的製造設備及研發設備

3.每年設定研發部門工作目標，做好價值經營的目標管理

4.準備充足資金支援

5.掌握好B2B及B2C客戶需求，勿忘：研發＝需求

6.每年底舉行「價值創造」檢討大會

7.用物質獎金，激勵員工士氣及潛能

8.跨部門團隊合作，才能做出「價值」

・落實做好「價值競爭」及「價值經營」
・激發企業高度競爭力

四、「價值經營」的成功案例

茲列舉各行各業在「價值經營」、「價值競爭」的成功案例公司：

（一）高科技業

台積電、大立光、聯發科、鴻海、台達電……等，該等公司均以尖端技術領先及製造良率為核心價值競爭力。

（二）美妝品業

SK-II、Sisley、蘭蔻、雅詩蘭黛、CHANEL、DIOR、LA MER等均為高價彩妝保養品品牌。

（三）家電業

Dyson、Sony、Panasonic、象印……等，均為高品質形象日系家電業者。

（四）歐洲名牌精品業

LV、GUCCI、HERMÈS、CHANEL、DIOR、PP百達翡麗錶、勞力士錶、Cartier……等奢侈極高價格的名牌包包、名牌服飾、名牌錶……等。

（五）歐洲豪華汽車業

Benz賓士、BMW、瑪莎拉蒂、保時捷、賓利、勞斯萊斯……等高價豪華車品牌。

（六）日用品、消費品業

P&G、Unilever（聯合利華）、雀巢、花仙子……等中高價位日用品及消費品。

（七）食品／飲料業

統一企業、桂格、桂冠、老協珍、白蘭氏……等。

黃金法則29

「產品力」是行銷競爭的最根本力

「產品力」是行銷競爭的最根本力

一、好產品的重要性

好產品的重要性有如下四項：

1. 產品力是高度競爭市場勝出的先決條件。
2. 好的產品力，能夠吸引顧客不斷回購，成為忠實顧客。
3. 好的產品力，自然好口碑就會被散播出來。
4. 好的產品力，是行銷4P策略的首要項目，也是行銷競爭的最根本力。

圖29-1 「好產品」的重要性

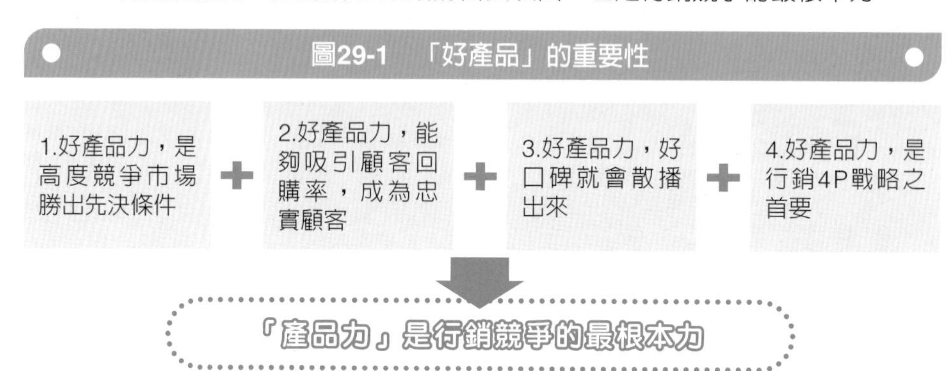

二、什麼是好的產品力？

真正的好產品、優質產品、很棒的產品，必須具備下列如下圖示的特點：

圖29-2 什麼是好的產品力？

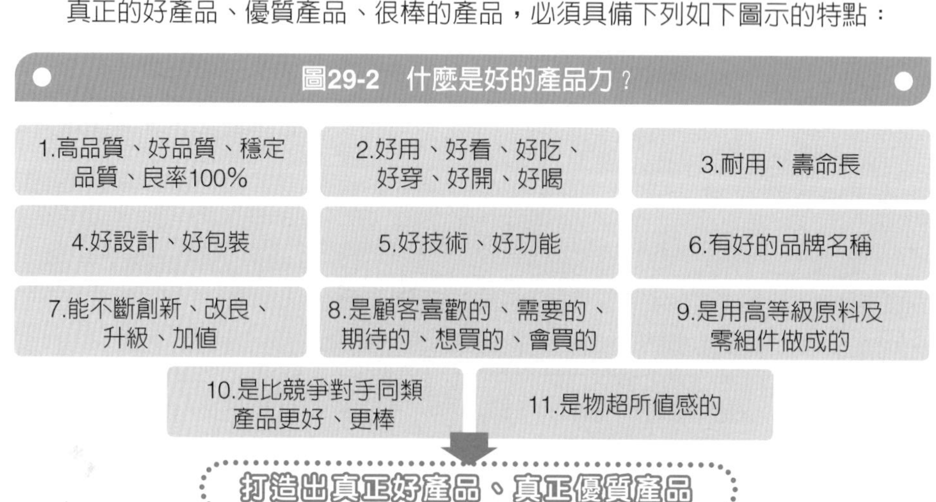

三、如何才能做出真正的好產品力？八大部門團隊合作

企業到底要如何做，才能做出真正的好產品、優質產品？必須要下列八大部門的共同團隊合作才行，如下述：

（一）行銷企劃部

必須做好顧客需求、喜好、期待的內心洞察、洞悉及必要市調，以及做好市場上同類競爭品牌的調查及比較分析，確定我們可以勝出的地方所在。

（二）研發部／商品開發部

在高科技公司稱研發部（R&D），在非科技公司稱商品開發部。此等部門必須做好產品技術面的升級、向上突破及技術創新，才會有真正好產品的出現。

（三）製造部

生產工廠必須要用最好、最先進、最高AI智能的機器設備，加上最用心的製程管理，才能生產製造出100%良率的優質好產品。

（四）品管部

用200分品管嚴格精神，控管稽核每個出廠都是200分品質優質好產品。

（五）採購部

必須採購最高等級、有品質保證的原物料及關鍵零組件，上游有好原料，下游才能做出好產品。

（六）倉儲／物流部

必須做好常溫及低溫日常消費品的倉儲及物流配送管理，以確保它們的鮮度及不會壞掉。

（七）設計部

在工業品設計及商業品設計上，必須力求：時尚化、現代感、年輕感、未來感、吸睛感、高顏值感……等設計能耐出來。總之，要做出真正好產品、優質產品，必須七大部門各自分工，但又團隊合作，才能達成此目標。

（八）業務部

必須確保做出市場上可以順利賣掉、可以銷售的優質好產品。

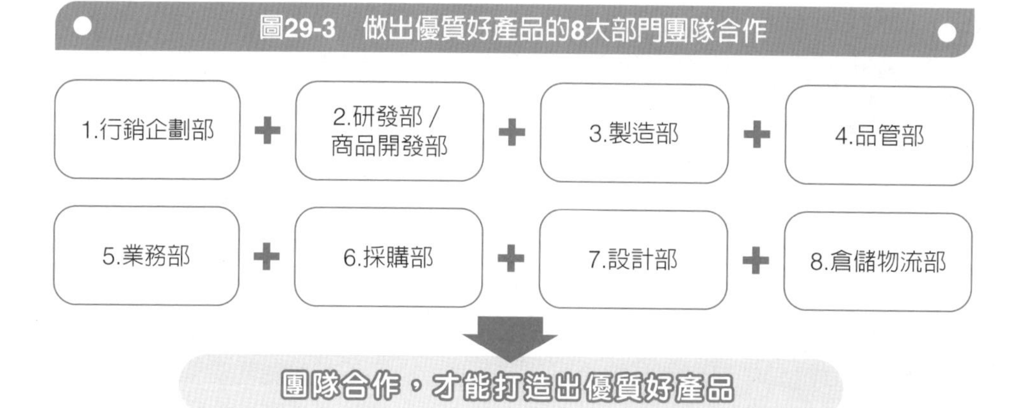

四、數十年來，優質好產品的成功案例

茲列舉國內市場上，數十年來長銷的優質好產品，如下：

1. 大同電鍋
2. 象印電子鍋
3. Dyson吸塵器
4. Panasonic電冰箱、洗衣機
5. 光陽／三陽機車
6. TOYOTA車
7. 統一泡麵
8. 星巴克咖啡
9. 7-11 CITY CAFE平價咖啡
10. 好來牙膏
11. 舒潔衛生紙
12. 櫻花廚具
13. 樂事洋芋片
14. 桂格燕麥片
15. 白鴿抗病毒洗衣精
16. 林鳳營鮮奶
17. 統一陽光豆奶
18. ASUS筆電
19. iPhone手機
20. 花王洗面乳
21. 蘭蔻小黑瓶高級保養品
22. 專科平價保養品
23. 杜老爺冰淇淋
24. 大金／日立變頻冷氣機
25. TVBS新聞台
26. LV/GUCCI/CHANEL/HERMÈS名牌包包
27. 克寧奶粉
28. 飛柔洗髮精

黃金法則 30

做好「產品五值」，產品就會賣得好

做好「產品五值」，產品就會賣得好

產品力是行銷4P之首，也是行銷致勝成功的基本功。根據筆者多年的研究顯示，品牌廠商只要做好下列的「產品五值」，產品自然就會賣得好，如下五值：

一、高品質

高品質是產品力的根基，沒有這個根基，產品就完了。所以，組織內部的研發、設計、製造、品管、採購……等五部門，必須不斷努力、用心、精益求精、好上加好地做出「高品質」的產品出來，這是最基本功。例如：日系家電、台積電晶片、歐系名牌精品、台灣電子代工業……等，都能長期做出高品質產品，而能受到全球市場肯定。

二、高CP值

產品除了高品質保證外，第二個就是在產品訂價上，要給顧客有高CP值感及物超所值感。要讓顧客感受到買得起、值得買、下次會再想買的感覺，不會有覺得不值得再買感覺。高CP值，不代表產品一定要低價，才算是有高CP值，即使產品是中價位、高價位，仍然也要有高CP值感受才行。

三、高顏值

產品的內在設計、外觀設計、包裝、色彩……等，都要很有高質感的感受，不會覺得此產品很低層次、很low的感覺。有些中高所得的顧客，反而會不要太低價格的東西，而是要買有高質感的東西，這就是產品讓人看到，就有高顏值的好感受。例如：歐洲高級豪華汽車的外觀及內部設計，就感受到比國產車更有高顏值感。

四、高EP值

產品必須讓顧客有高體驗感、好的體驗感受。此係指，產品在經過顧客試用後或買後使用過，顧客的體驗感非常好、非常棒、很有好的效果，下次一定會再買。或是服務業、零售百貨業的現場／賣場，也會讓顧客有很好的體驗感受。所以，高EP值（Experience Performance），是產品及服務業、零售百貨業，要努力、用心去形塑出來的。

五、高TP值

最後，最長遠重要的是，要努力做到顧客對我們產品及品牌的「關鍵信任感」、「信賴感」、「保證感」。「信任感」代表產品及品牌的一切，得到顧客的信任及信賴，就可以長期留住顧客的心，並產生高的回購率、回店率與回流率。高TP值，係指：Trust Performance之意。

圖30　做好「產品五值」，產品就會賣得好

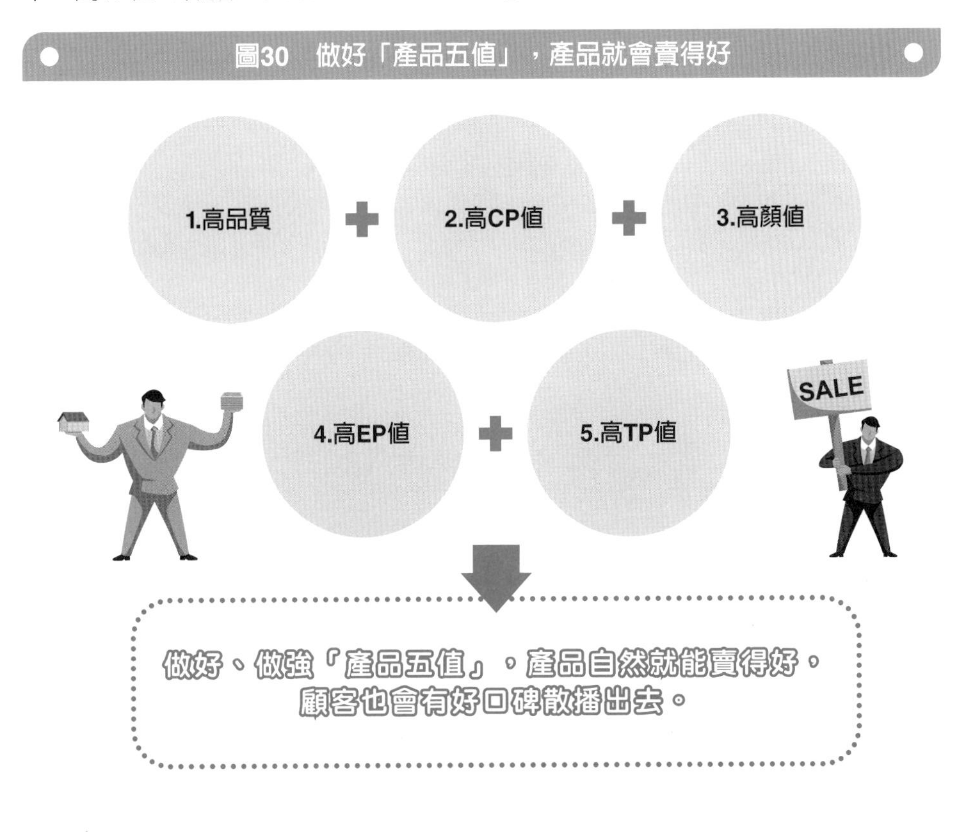

MEMO

黃金法則 31

眞正的競爭對手：是消費者、是顧客

- 洞悉、挖掘顧客需求

真正的競爭對手：是消費者、是顧客

一、競爭對手的行動，只是提供參考，但不是最重要的

在市場行銷競爭上，我們都會很注意競爭對手做了哪些創新行動及作法；但嚴格來說，競爭對手的任何創新，也是從消費者而來的，他們也是滿足了消費者需求而成功的。

如果競爭對手有做了成功的創新，那代表他們領先我們掌握住顧客的需求，是我們自己不夠及時創新；因此，問題的核心點，仍是在消費者及顧客身上；我們不太需要花太多時間與精力在競爭對手上。

二、真正的競爭對手，是消費者、是顧客

我們必須把消費者、顧客放在我們行銷決策上的第一個位置，而競爭對手放在第二個位置上。

如果，我們沒有好好、認真、用心的去洞悉、察覺、掌握、抓住消費者的一切，那註定我們行銷是落後及失敗的。所以，我們要把消費者、顧客當成是競爭對手那樣看待及重視。

圖31-1　真正競爭對手，是消費者、是顧客

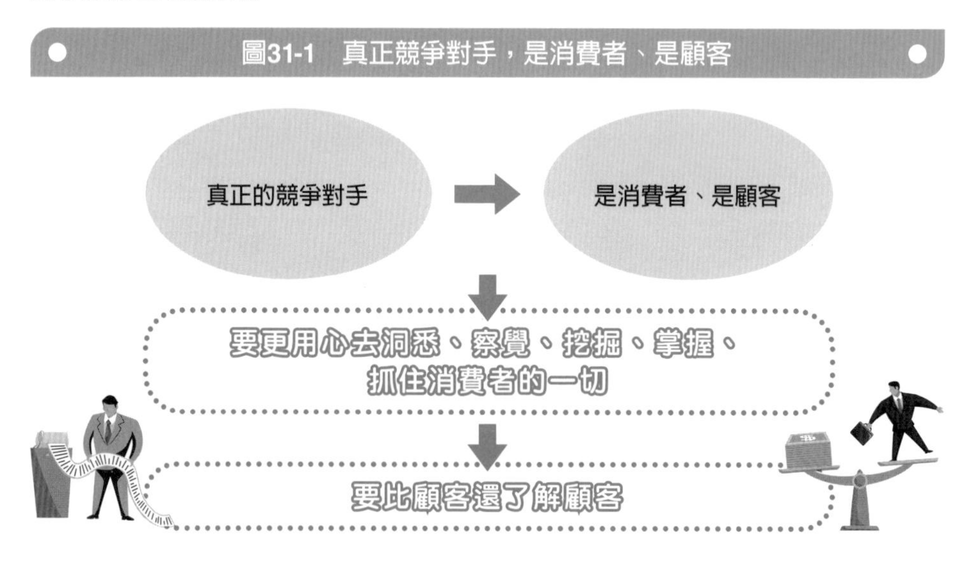

三、如何做好洞悉、掌握、抓住顧客潛在需求的6大作法

企業及品牌廠商到底要如何才能做好洞悉、掌握、抓住顧客潛在需求？主要有6大作法，如下：

（一）要注意每天POS銷售即時數據資訊的變化與趨勢

即是行銷人員必須指定專人，專責分析每天POS銷售即時數據資訊的變化、趨勢與結果。因為：**數據＝顧客需求反應**

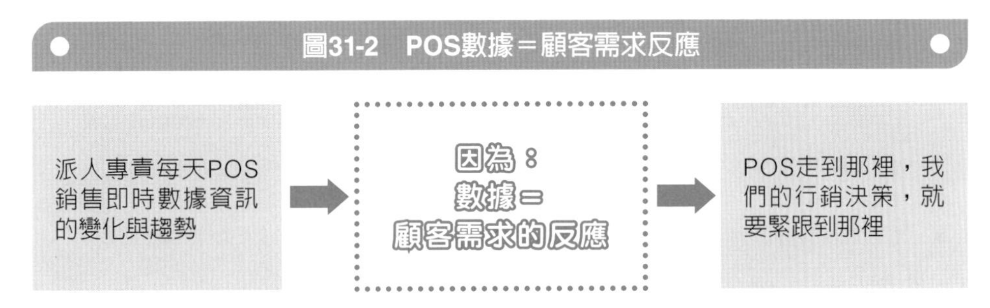

圖31-2　POS數據＝顧客需求反應

（二）成立聯合「領先創新小組」

企業要把第一線的營業人員、門市店長、地區顧問、商品開發部、研發部及行銷部，整合在一起，組成一個跨部門的「領先創新小組」，專責此事，才能真正不斷的挖掘出市場及顧客的未來性需求與潛在性需求。

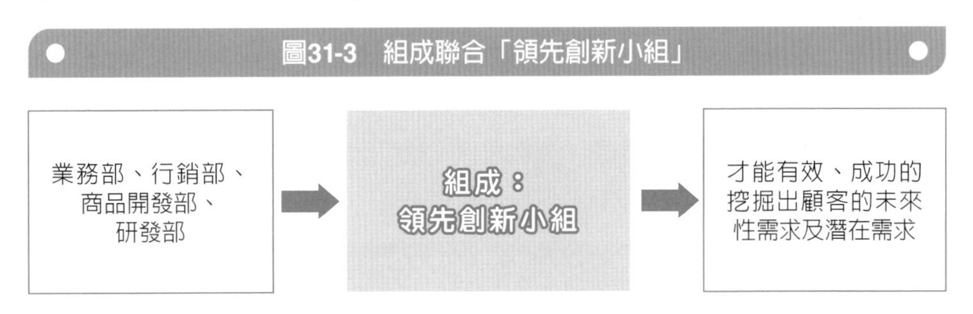

圖31-3　組成聯合「領先創新小組」

（三）經常性傾聽顧客聲音（VOC）

企業或品牌廠商必須經常性的：1.從市場調查中 2.從門市店中 3.從零售賣場中 4.從客服中心中 5.從售後維修中心中 6.從顧客官方粉絲團留言中 7.從PTT、Dcard論壇平台中 8.從第一線營業人員、專櫃人員中；多方的去搜集及傾聽顧客的心聲與聲音。這樣做，也可以提早挖掘出顧客的未來性需求及潛在性需求。

圖31-4 VOC：Voice of Customer，傾聽顧客聲音

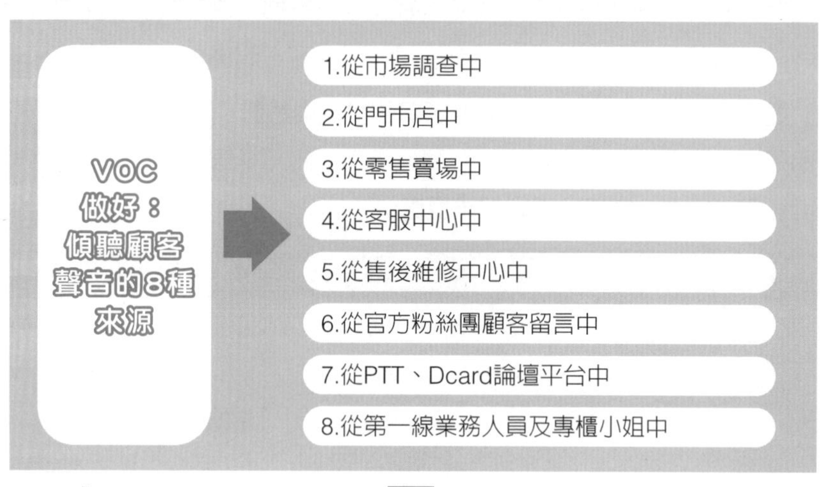

有效、成功的洞悉及挖掘出顧客的未來性／潛在性需求

（四）搜集國外先進國家第一名同業的成功作法及熱銷產品

我們應該與國外先進國家（例：日本、美國、歐洲、韓國……等）的第一名同業，建立資訊互通平台，及時與快速搜集這些國外第一名同業的行銷成功作法、產品熱銷品項、廣告宣傳作法、技術研發方向……等，以補我們自己眼光不足及台灣市場太小的缺點。凡事，見賢思齊，就可以得到進步。

從上述作法中，我們可以有效挖掘出顧客未來性、潛在性需求。

圖31-5 搜集國外第一名同業的成功作法及熱銷產品

搜集國外大型國家第一名同業的成功作法

↓

1.新產品開發、熱銷產品資訊	2.新的商業模式、店型模式	3.廣告宣傳作法	4.技術研發方向	5.增加新營收作法

（五）搜集上游原物料及產品供應商與下游零售通路商的意見及看法

有時候，上游原物料及產品供應商，以及下游零售通路商，也會有很多「領先創新」想法意見，我們也該儘量請教及搜集。他們也會從他們在上游及下游的專業、專家觀點，提出顧客感到興趣及需要的東西出來。

搜集、請教：上游供應商及下游零售商

顧客未來性及潛在性的「領先創新」想法、意見

（六）多方閱讀各種專題報告，獲得啟發

行銷人員也必須從多方閱讀各種資料、報告中，獲得一些意想不到的新啟發，包括以下來源：

1. 財經雜誌。
2. 財經報紙。
3. 財經電視新聞。
4. 商業專書。
5. 網路專題報告。
6. 研究機構各種分析報告。

圖31-7　多方閱讀各種資料，獲得新啟發

1.財經雜誌（《商業周刊》、《今週刊》、《天下》、《遠見》、《動腦》）＋ 2.財經報紙（《工商時報》、《經濟日報》）＋ 3.財經電視新聞（非凡、東森財經新聞）

4.商業專書（商周、天下、城邦……等出版社）＋ 5.研究機構分析報告（政府單位）＋ 6.網路專題報告

獲得顧客需求新資訊、產業發展新資訊、產品新資訊

圖31-8　如何做好洞悉、掌握、挖掘出顧客未來性及潛在性需求6大作法

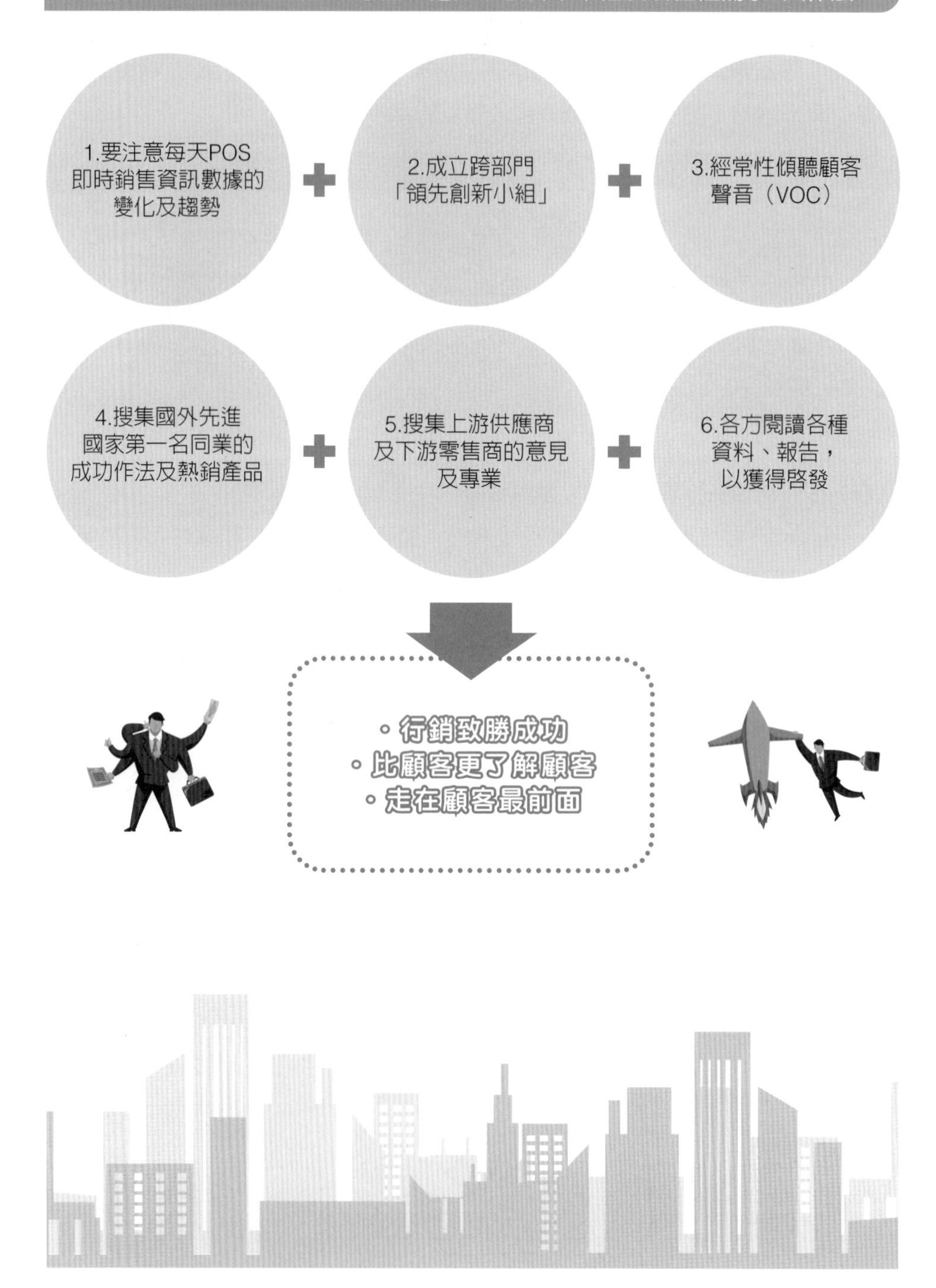

黃金法則32

不斷反省、檢討自己，超越自己＋找到顧客需求＝勝利、成功

不斷反省、檢討自己，超越自己＋找到顧客需求＝勝利、成功

一、影響企業成功的3大總體因素

根據筆者個人多年工作經驗及閱讀數百個企業成功的案例，可簡單歸納為3大總體因素。但是，最重要的影響企業成功，仍在自己、自身的因素。如下：

1. 國內外大環境的造就、成功所致。
2. 企業自身、自己的長期努力、用心、領先對手而成功所致。
3. 競爭對手不夠強的成功所致。

圖32-1　影響企業成功的3大總體因素面向

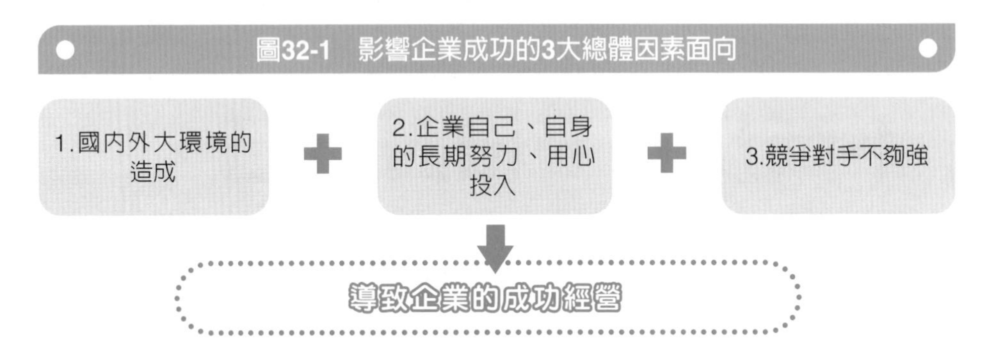

二、自己要不斷反省、檢討及超越自己的9個面向、項目

企業及品牌廠商應從哪些面向、哪些項目著手檢討、反省及超越自己？主要有如下圖示：

圖32-2　9個整體面向的反省、檢討

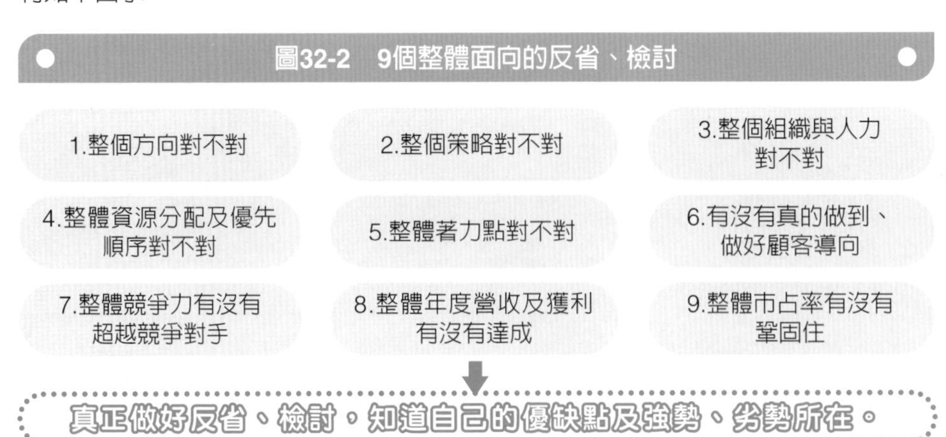

圖32-3　12個面向的反省、檢討及超越自己

1.反省自己的產品力及產品組合競爭力如何	2.反省產品定價競爭力如何	3.反省在通路上架及陳列競爭力如何
4.反省廣告片製作及廣告宣傳費投入競爭力如何？	5.反省代言人比較競爭力如何	6.反省促銷活動優惠程度競爭力如何
7.反省KOL網紅行銷操作競爭力如何	8.反省售後服務競爭力如何	9.反省公益活動投入競爭力如何
10.反省新產品開發速度競爭力如何	11.反省品牌力打造競爭力如何	12.反省會員經營競爭力如何

三、自己超越自己＋自己超越對手＝長期性的領導品牌

企業及品牌廠商必須同時兩步做到、做好：

1. 自己超越自己。
2. 同時，自己超越對手。

必可長期性的成為市場上的第一品牌及領導品牌。

而「自己超越自己」的內涵，就是要做到、做好如下6項且不斷的追求：

1. 追求進步。
2. 追求創新、創造。
3. 追求領先。
4. 追求再成長。
5. 追求再加值。
6. 追求再升級（upgrade）。

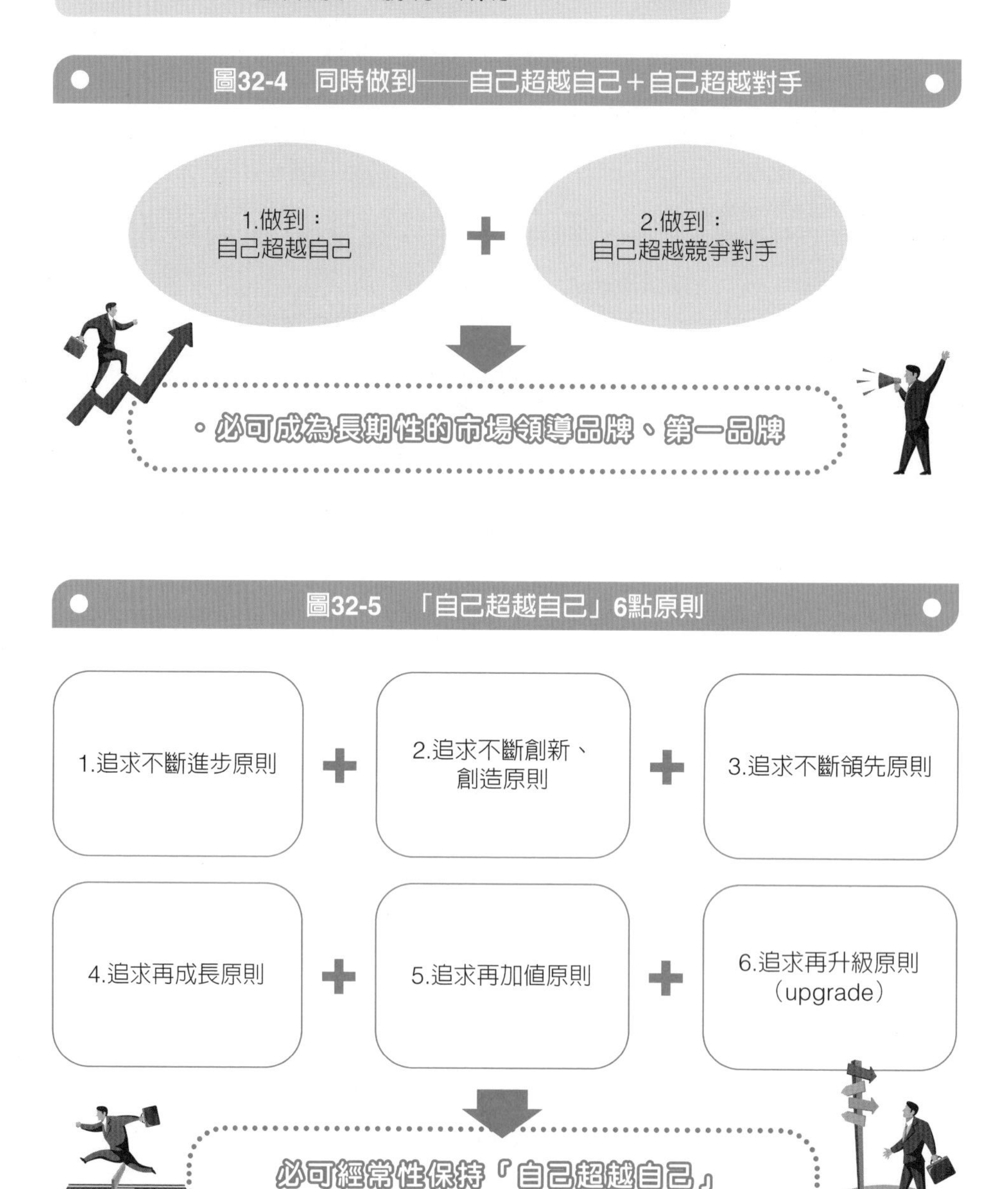
圖32-4　同時做到——自己超越自己＋自己超越對手
1.做到：
自己超越自己
＋
2.做到：
自己超越競爭對手
。必可成為長期性的市場領導品牌、第一品牌
圖32-5　「自己超越自己」6點原則
1.追求不斷進步原則
＋
2.追求不斷創新、創造原則
＋
3.追求不斷領先原則
4.追求再成長原則
＋
5.追求再加值原則
＋
6.追求再升級原則（upgrade）
必可經常性保持「自己超越自己」

黃金法則 33

持續優化產品組合，保持成長動能

持續優化產品組合，保持成長動能

一、優化產品組合的6大目的及優點

企業在產品策略上，不斷優化產品組合，增加產品競爭力，是一件非常重要之事。茲列示優化產品組合，具有6大目的及優點：

1. 可以使公司的產品，更具競爭力及戰鬥力更強大。
2. 可以使公司長出更多的明星產品及金牛產品。
3. 公司可以主動採取汰弱扶強的產品組合政策。
4. 可以使產品組合更多元化、更多樣化、更具營運綜效。
5. 可以滿足顧客更好、更多的需求及期待，以提升顧客滿意度。
6. 最後，可以使公司總營收及總獲利增加及成長。

圖33-1　優化產品組合的6大目的及優點

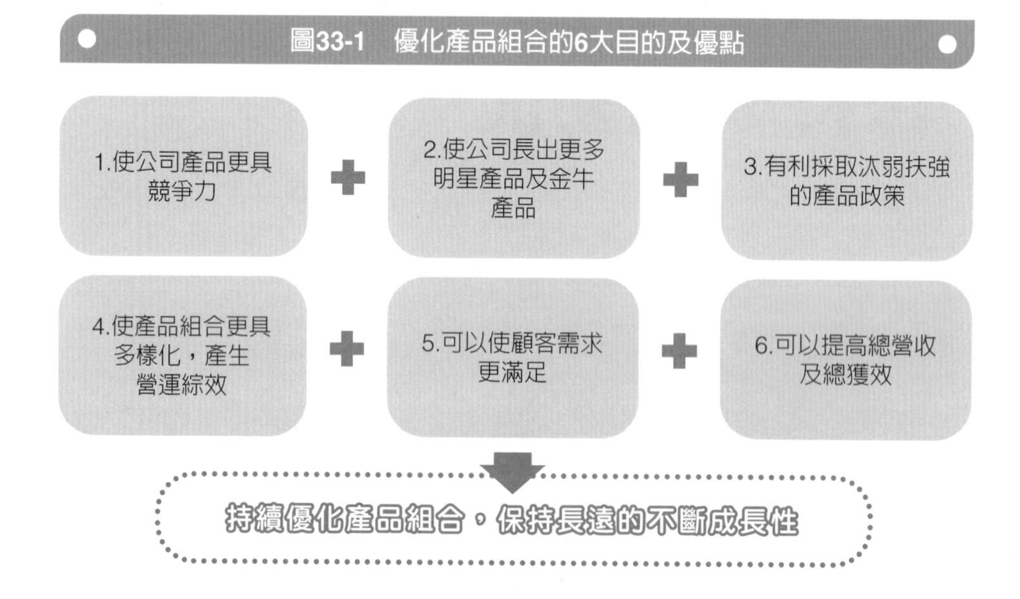

二、優化產品組合的各行各業成功實例

茲列舉多年來，國內各行各業在優化產品組合的成功實例，如下：

（一）零售連鎖業

1. 寶雅
2. 大樹藥局
3. Costco（好市多）
4. 全聯超市
5. 家樂福
6. 統一超商
7. 三井Outlet
8. SOGO百貨
9. 新光三越百貨
10. 大創日用品店

（二）消費品製造業

1. 統一企業
2. 味全企業
3. 愛之味
4. 義美
5. 桂格
6. 台灣花王
7. Panasonic
8. 雀巢
9. Unilever
10. P&G

（三）餐飲業

1. 王品
2. 瓦城
3. 饗賓
4. 漢來
5. 欣葉
6. 豆府
7. 麥當勞
8. 摩斯

（四）生技／保健品業

1. 台塑生醫
2. 五洲生醫
3. 娘家
4. 大江生醫
5. 大研生醫
6. 三多
7. 三得利

（五）進口品牌代理業

1.恆隆行
2.欣臨企業

三、優化產品組合的5大策略方向

企業及品牌廠商到底要如何才能做好優化產品組合呢？主要可從下列5大策略方向著手：

（一）增加、擴張新的產品線策略

從產品線的寬度策略來看，增加及擴張公司所沒有的、不同的新產品線，是一個有效策略。例：

1. 寶雅美妝店：本來集中在美妝產品線，後來加入各種日用品線、食品飲料線等，使產品組合更完整、更多樣化。
2. 統一企業：在台60年，最早期的產品線只集中在統一泡麵最有名；後來陸續增加鮮奶、豆漿、茶飲料、果汁、優酪乳、醬油、香腸、咖啡、麵包、燕麥飲、礦泉水……等十多種產品線，成為一家台灣最大、最完整的綜合性食品飲料集團。
3. 台灣P&G（寶僑）：從最早期洗髮精及SK-II做起，後來加入歐蕾保養品、幫寶適紙尿褲，好自在衛生棉、Crest牙膏、ARIEL洗衣精、吉利刮鬍刀……等十多個品牌產品線組合。
4. 台灣Panasonic（松下）：台灣Panasonic早期從吹風機、電冰箱、洗衣機為主力，現在，則擴張到電視機、冷氣機、吸塵器、空氣清靜機……等全方位的大家電、小家電產品線，使Panasonic成為台灣第一大家電製造廠品牌。

（二）增加同類產品線裡的多個品牌策略

從產品組合的長度策略來看，可以拓展同一類產品線中，更多個品牌策略，亦可使公司業績成長。例如：

1. 統一企業茶飲料就有4個品牌之多（麥香、純喫茶、茶裏王、濃韻）。
2. 台灣P&G公司的洗髮精，就有4個品牌之多（飛柔、潘婷、海倫仙度絲、沙萱）。
3. 台灣萊雅美妝集團就引進有10個品牌之多（蘭蔻、植村秀、Kiehl's、理膚寶水、碧兒泉、巴黎萊雅……等）。

（三）增加同品牌裡的不同口味／原料／配方／規格及不同功能策略

1. 統一茶裏王、維他露御茶園、可口可樂的原萃……等茶飲料品牌裡面，就再推出烏龍茶、綠茶、紅茶、高山茶等4種不同口味包裝，以及無糖／含糖2種包裝，這也更優化它的產品組合戰力。
2. 再如，娘家、善存、台塑生醫、葡萄王、五洲生醫、三多、三得利……

等同個保養品牌裡，它們又依不同功效、功能，推出：葉黃素、益生菌、魚油、酵素、維他命、大紅麴……等不同的產品組合，拓展它們的新營收、新獲利。

(四) 增加代理國外先進國家的優良品牌策略

另外，現在有愈來愈多廠商、進口代理商，代理歐洲、日本、美國、加拿大、韓國、東南亞……等國家的各種優良品牌及產品。例如：

1. 恆隆行：代理英國Dyson吸塵器一炮而紅，高價吸塵器極為暢銷。該公司計代理10多種國外品牌進來。
2. 欣臨企業：代理阿華田、沙威隆、唐寧茶、利口樂……等20多個國外品牌進來台灣賣。

(五) 增加採購國外新奇、稀少、獨有產品策略

像寶雅連鎖店、屈臣氏連鎖店、大創日用品連鎖店，都經常性的由採購部人員採買國外新奇、稀少、獨有的產品進來賣。可增加店內的新鮮感及好奇感。

圖33-2 優化產品組合的5大策略方向

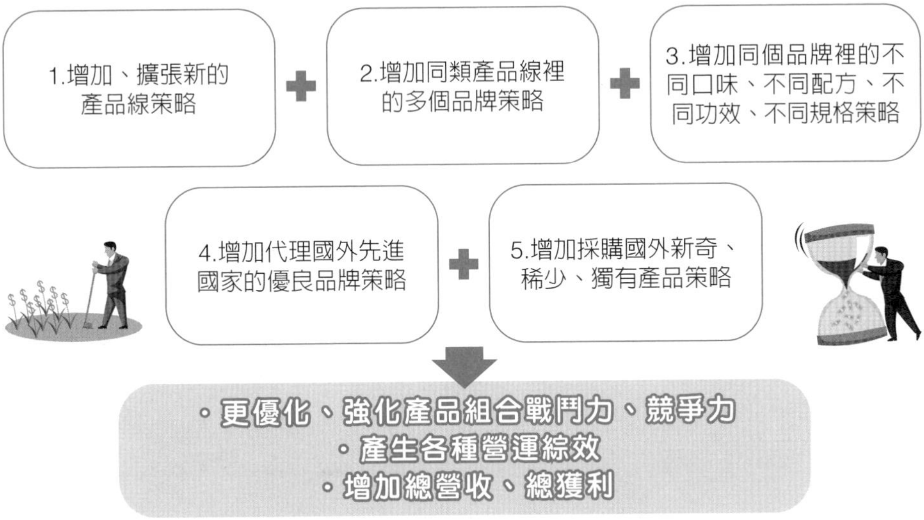

1.增加、擴張新的產品線策略
＋
2.增加同類產品線裡的多個品牌策略
＋
3.增加同個品牌裡的不同口味、不同配方、不同功效、不同規格策略
＋
4.增加代理國外先進國家的優良品牌策略
＋
5.增加採購國外新奇、稀少、獨有產品策略

↓

- 更優化、強化產品組合戰鬥力、競爭力
- 產生各種營運綜效
- 增加總營收、總獲利

MEMO

黃金法則34

品牌6大策略暨多品牌的致勝之道

品牌6大策略暨多品牌的致勝之道

一、品牌經營的6大策略

從整體觀來看，品牌成功經營之道，計有6大策略可以採行：

（一）單一品牌（家族品牌）策略

亦即，品牌名稱始終只有一個，很少改變。此又稱「家族品牌」：大同、東元、大金、日立、Panasonic、象印、Sony、LV、GUCCI、HERMÈS、CHANEL、DIOR、星巴克、路易莎、無印良品、OSIM按摩椅、喬山健身品、白蘭氏、Disney、捷安特、Costco（好市多）、Walmart、Amazon、SOGO百貨、新光三越百貨、好來（黑人）牙膏、斯斯感冒／止痛藥、美齊家電、禾聯家電……等均在單一的家族品牌。單一（家族）品牌的3大好處，就是：

1. 單純、易記、始終如一。
2. 可以省下多品牌的廣告宣傳費支出。
3. 品牌具延伸效果。

（二）雙品牌策略

雙品牌策略比較少見，但是也有。例如：

1. 全聯超市＋大潤發量販店（註：全聯已於2022年收購大潤發）。
2. 桂格＋天地合補。
3. 優衣庫（Uniqlo）＋GU。
4. 普拿疼＋伏冒藥品。

（三）多品牌策略（Multi Brand）

多品牌策略已經有愈來愈多中大型企業採用，已形成為很主流的發展策略一種。例如：

1. P&G公司（寶僑）：洗髮精就有飛柔、潘婷、海倫仙度絲、莎萱。此外，不同品類，就有60多個全球品牌。

2. Unilever（聯合利華）：洗髮精也有：多芬、LUX（麗仕）、mod's hair……等。

3. 此外：像王品、瓦城、豆府餐飲、築間餐飲、漢來餐飲、饗賓餐飲、永豐實衛生紙、統一企業、味全、台灣花王、萊雅美妝集團、Apple、雀巢、味丹、花仙子、耐斯566……等，公司旗下也都有好幾個到十多個不同品牌營運。

（四）母子品牌策略

例如：

1. TOYOTA汽車：TOYOTA為母品牌，子品牌有Altis、Cross、Camry、LEXUS、Yaris、Sienta……等。

2. 光陽機車：旗下有Like、Nice……等子品牌。

（五）自有品牌（PB）策略

例如：

1. 全聯超市：有美味堂小菜、We sweet甜點專區、阪急麵包。
2. 還有，家樂福、統一超商、全家超商、康是美、屈臣氏、大潤發、寶雅等均有自有品牌產品推出。

（六）代理國內外品牌策略

例如：

1. 恆隆行（Dyson、Coway、Oral-B……等20多個代理品牌）。
2. 欣臨企業（沙威隆、唐寧茶、利口樂、阿華田……等30多個代理品牌）。
3. 味丹、黑松（代理金門高粱酒）。
4. 櫻花公司（代理伊萊克斯家電）。

圖34-1 品牌成功經營6大策略

1.單一（家族）品牌策略	2.雙品牌策略	3.多品牌（Multi Brand）策略
4.子品牌策略	5.自有品牌策略（PB）	6.代理國內外品牌策略

- 成功帶領企業長期、永續經營
- 品牌成功，企業就成功了

二、採用「多品牌策略」的7大好處、優點

企業採用多品牌策略，具有7個好處及優點，如下：

1. 可搶得連鎖零售店的陳列空間及好位置。
2. 可以分散營運風險。
3. 可採取品牌BU（利潤中心）制度，賞罰分明，提升效能。
4. 可提拔年輕幹部擔當品牌經理或BU經理。
5. 可使公司產品組合更完整、更多樣化。
6. 可產生各方面成本及營運綜效（Synergy）。
7. 最終，可以增加總營收及總獲利。

圖34-2　採用「多品牌策略」7大好處、優點

1.可搶得連鎖零售店的陳列空間及位置

2.可分散營運風險

3.可採取品牌BU利潤中心制度，提升效能

4.可提拔年輕幹部擔任BU／品牌經理

5.可使產品線更完整、更多樣化

6.可產生成本及營運綜效

7.最後，可增加總營收及總獲利

三、多品牌行銷成功的5大堅守原則

採用多品牌策略，在行銷作為上，必須堅守下列5大原則，才能避免自己瓜分自己市場或自我蠶食不利結果，如下：

1. 每個品牌「定位」要有區隔、要有不同。
2. 每個品牌「TA（目標客群）」要有區隔、要有不同。
3. 每個品牌「廣告訴求」要有區隔、要有不同。
4. 每個品牌要各有自己的「特色、獨特性、差異化」。
5. 每個品牌不要自己彼此瓜分、自我蠶食市場。

圖34-3　多品牌行銷成功5大堅守原則

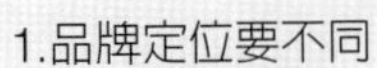

四、多品牌策略成功實例

茲列舉下列國內成功採用多品牌策略的好案例，如下：

1. 統一企業：茶飲料：麥香、純喫茶、茶裏王。

2. 王品集團：王品牛排、石二鍋、聚、夏慕尼、陶板屋、西堤……等25個餐飲多品牌。

3. 瓦城：瓦城泰式、大心麵食、1010湘……等6個多品牌。

4. 萊雅彩妝集團：巴黎萊雅、蘭蔻、植村秀、Kiehl's、理膚寶水……等16個多品牌。

5. 永豐實企業：五月花、得意、柔情3個衛生紙品牌。

6. 饗賓餐飲集團：饗食天堂、饗賓、饗饗3個自助餐廳品牌。

7. P&G公司：飛柔、潘婷、沙萱、海倫仙度絲4個洗髮精品牌。此外，還有：SK-II、歐蕾（OLAY）、ARIEL洗衣精、Crest牙膏……等數十個多品牌。

8. Apple公司：Apple電腦、iPhone、iPad、Apple watch……等品牌。

9. 台灣花王：一匙靈、魔術靈、花王Bioré、MEN's Bioré、Sofina……等15個品牌。

10. Unilever（聯合利華）：計有：多芬、康寶、LUX（麗仕）、mod's hair、白蘭、熊寶貝……等10個多品牌。

圖34-4　成功採用多品牌策略的公司

1.統一企業	2.王品餐飲	3.瓦城餐飲
4.萊雅彩妝	5.永豐實（衛生紙）	6.饗賓餐飲
7.P&G	8.Apple	9.台灣花王
10.Unilever（聯合利華）	11.雀巢	

↓

成功以多品牌策略搶占更多、更大市場空間

黃金法則 35

小衆市場與小衆行銷＝奇兵立大功

小衆市場與小衆行銷＝奇兵立大功

一、小眾市場定義

所謂「小衆市場」，係指在同類產品中，其市場規模僅占3%～5%之間；再放寬一點，占5%～10%，也勉強算是小衆市場。當後進品牌不易攻進主流大市場時，唯有改變攻進策略，採取瓜分其小衆市場，比較容易成功。

總之，只要產品夠好，顧客有需求，再透過適當行銷操作，相信，再小衆市場也能做到暢銷品，邁向成功企業經營。

二、小眾行銷的成功實例

茲列舉國內十多年來的成功小衆行銷實例，如下：

（一）牙膏市場

長期以來，黑人（已改名：好來）牙膏擁有高市占率；但後來，舒酸定牙膏切入10%過敏性牙膏市場；再來，得恩奈再切入10%夜用型及兒童專用牙膏，成功瓜分黑人牙膏的高市占率。

（二）百貨公司

台北BELLAVITA切入專以精品為銷售的高檔型百貨公司，切入極高5%所得者的高級百貨公司定位。

（三）汽車業

歐洲賓士（Benz）及BMW豪華車，切入台灣10%的小衆汽車市場。

（四）航空業

虎航航空公司成功切入小衆的10%低價航空市場，否則無法跟華航及長榮航空互相競爭。

（五）糕點業

亞尼克蛋糕捲成功切入小衆蛋糕市場。

（六）信用卡業

各銀行推出年收入500萬元以上的3%高級「鼎極卡」，切入高階所得者小衆市場。

（七）電動機車業

Gogoro電動機車切入10%機車市場，避開跟光陽、三陽的競爭。

（八）超市業

c!ty'super及微風超市，均以最富有的5%人口為高檔市場切入。

（九）豆漿產品

統一企業陽光豆漿，切入10%無糖豆漿市場，專給血糖較高者購買。

（十）吸塵器／吹風機

Dyson英國高級、高價吸塵器及吹風機，成功切入台灣10%市場，成為暢銷品。

（十一）電視頻道

國興日片頻道及Discovery國家地理頻道，均只為5%小眾提供觀看。

（十二）洗衣／乾衣合一

韓國LG推出洗衣及乾衣功能合一的大型洗乾機，適合台灣較大坪數空間的高所得者購買，只占5%洗衣機市場。

（十三）大學教科書及專用書

五南出版公司，專門提供各種企管、行銷、財經、經濟、會計、統計……等商學院大學教科書，係屬在整個出版市場中，僅占5%小眾市場。

（十四）電視購物台

電視購物台在國內實體零售業及電商業中，僅占5%小眾市場規模。

（十五）鮮奶品

鮮乳坊品牌成功切入5%高價鮮乳市場，避開跟統一、味全、光泉鮮奶之競爭。

（十六）財經雜誌

《商業周刊》、《今周刊》、《天下雜誌》每月訂購量只有3萬本～5萬本，屬於5%高階主管閱讀的小眾市場。

（十七）番茄

玉女品牌番茄切入高品質、高價番茄的10%小眾市場。

（十八）保健品

娘家品牌切入10%大紅麴保健產品小衆市場。

（十九）歐洲精品

歐洲極高價奢侈精品，諸如：LV、GUCCI、HERMÈS、CHANEL、Prada、Cartier……等，在台灣其實只針對極高所得者的5%女性而銷售，一般基層所得女性，其實很少會買，除非一輩子買一個包包使用。

（二十）歐洲名錶

例如：PP錶（百達翡麗）、勞力士錶、Cartier鑽錶……等，定價常常30萬元以上，台灣只有5%極高所得的老闆及名媛貴婦及八大場所女性，才買得起。

（二十一）高檔彩妝保養品

例如：Sisley、CHANEL、LAMER、蘭蔻、DIOR……等高檔美妝品，只占全部美妝市場的10%左右，但也屬成功攻進美妝市場。

三、如何做好小眾市場、小眾行銷的8大策略

企業如何做好小衆市場及小衆行銷，從比較完整角度看，必須顧及8大面向策略，如下述：

（一）產品策略

在產品力上，產品要夠好，要夠有特色；不論在產品的品質、功能、功效、設計、包裝、外觀、耐用、色彩、壽命度、使用便利性……等，均要很好、很棒才行，才會有小衆市場的好口碑。

（二）通路策略

若產品知名度不夠，進不了大型零售連鎖店，可以先進入momo、PCHome、蝦皮、東森、雅虎等電商網購通路，先做好網路上的暢銷，再轉戰到實體通路上。另外，小衆市場可能有它的特殊通路管道，也必須順利進入。當然，如果能夠進入全通路（線上＋線下），那自然是最好的，對銷售量也有助益。

（三）價格策略

小衆行銷，儘可能切入M型化社會裡的高價市場或低價市場兩極化策略選擇，是比較容易成功的。也就是，不是高價策略，就是採低價策略。

（四）服務策略

特別在高價小眾市場裡，更必須重視它的尊榮性、尊寵性、客製化、一對一、頂級的完美服務才行。

（五）品牌知名度推廣策略

小眾品牌仍不能忘記它在品牌知名度及形象度上的適當宣傳。例如，像一隻要價30萬元以上的女性PP錶（百達翡麗錶）、CHANEL（香奈爾香水）、賓士豪華車、瑪莎拉蒂豪華車、DIOR（迪奧）彩妝品等極高價位產品，我都經常看到它們在電視媒體上大量投放廣告播出。

（六）促銷策略

低價小眾產品也必須配合各種通路商的節慶促銷檔期，給予小眾消費者實質回饋。

（七）差異化策略

小眾市場很重要的是，品牌廠商必須努力創造出產品及品牌的：1.差異化2.獨特性3.風格性4.稀有性5.來自歐洲的獨一無二性，做好上述差異化策略，那就更加容易成功。

（八）會員經營策略

在高檔、高級、頂端的小眾市場裡，更必須做好這些高級會員顧客的VIP貴賓級精英式經營及照顧才行。

圖35-1　如何做好小眾市場、小眾行銷8大策略

1.在產品策略上
2.在通路策略上
3.在價格策略上
4.在服務策略上
5.在品牌知名度推廣策略上
6.在促銷策略上
7.在差異化策略上
8.在會員經營策略上

↓

成功打進小眾市場，獲取小眾市場的獲利

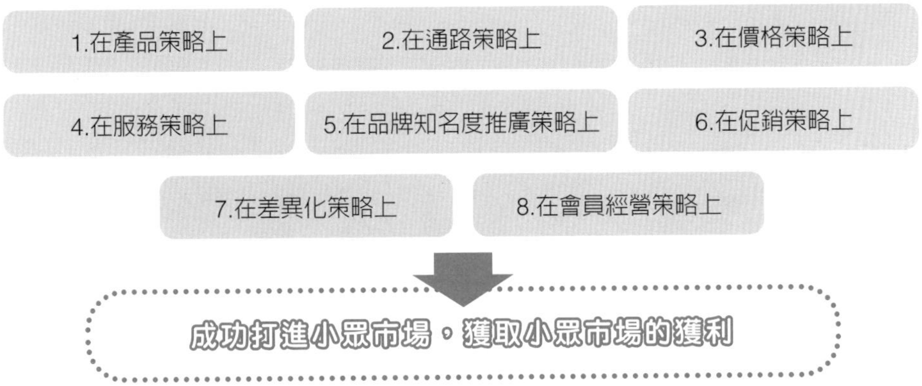

圖35-2　小眾市場的差異策略及差異化行銷訴求

黃金法則 36

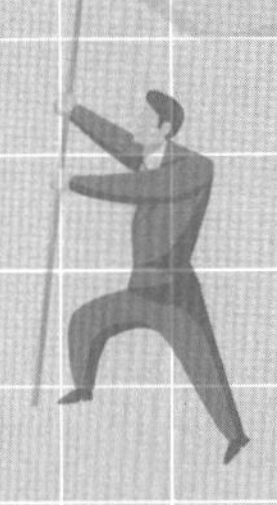

行銷致勝九字訣：求新、求變、求快、求更好

行銷致勝九字訣：求新、求變、求快、求更好

一、求新的內涵與實例

（一）所謂求新，意謂著

企業必須定期的、不斷的、持續的、永遠的，追求：

1. 新穎感
2. 新鮮感
3. 革新型
4. 新產品
5. 新口味
6. 新車型
7. 新專櫃
8. 新門市店
9. 新店型
10. 新包裝
11. 新色系
12. 新鞋款
13. 新餐飲
14. 新節目
15. 新造型
16. 新主播
17. 新展演團體
18. 新頻道
19. 新品牌

（二）「求新」的實例

1. 統一超商：新的大店、新的裝潢、新的電子廣告版、新的鮮食便當、新的冰淇淋、新的紅利點數……等。

2. SOGO百貨忠孝館：新的一樓美妝館革新裝潢及B1超市革新裝潢及持續引進新品牌專櫃。

3. 麥當勞：持續推出新口味、新組合的漢堡。

4. 達美樂：持續推出新口味、新配料的披薩。

5. Sony、LG：推出更新畫質、更大呎吋（60～80吋）的新款大電視機。

6. 大金、日立、Panasonic：推出變頻省電功能的新型冷氣機。

7. TOYOTA：每年推出一款新款型及新品牌轎車。

8. 白鴿洗衣精：率先推出抗新冠病毒的新功能洗衣精。

9. 三陽機車：推出新款型耐用、省油新機車，成功搶下機車第一品牌。

圖36-1 「求新」19個方向

1.新鮮感	2.新穎感	3.革新型	4.新產品
5.新口味	6.新車型	7.新專櫃	8.新門市店
9.新店型	10.新包裝	11.新色系	12.新鞋款
13.新餐飲	14.新節目	15.新造型	16.新主播
17.新展演團體	18.新頻道	19.新品牌	

二、「求變」的意涵及實例

（一）在「求變」方面意涵

係指品牌廠商及各行各業必須定期做一些：

1. 改變、變化
2. 變革
3. 變型
4. 不能老是一成不變

（二）求變的12種方向

企業及品牌廠商必須用心、努力的去改變：

1. 改變思維、思路
2. 改變想法
3. 改變策略
4. 改變作法
5. 改變目標
6. 改變方向
7. 改變商業模式
8. 改變產品組合
9. 改變產品內容、設計及包裝
10. 改變廣告宣傳
11. 改變組織與人力配置
12. 改變服務流程

圖36-2　企業追求「持續改變」12個方向

（三）「求變」的實例

1. 全聯超市：舊門市店全部改變、改裝潢。
2. iPhone：從iPhone1到iPhone16，17年來，每年改變一點點。
3. 行銷方式改變：KOL/KOC網紅行銷的崛起，以及短影音行銷的崛起。
4. 三得利：日系保健品採用大量見證式電視廣告＋電話訂購並用模式。

三、「求快」的意涵及實例

（一）「求快」意涵

「天下武功，唯快不破」，企業必須：

1. 求快速
2. 求敏捷
3. 求迅速
4. 求彈性
5. 勿等待、勿觀望
6. 勿討論太久
7. 勿拖延決策
8. 慢了，機會就過去了
9. 慢了，競爭對手就跟上來了
10. 慢了，就是落後的開始

（二）「求快」的實例

1. momo：網購宅配物流的24小時內快速送達。
2. Dyson：小家電維修一天完成。
3. 電視台新聞：快速掌握、快速報導。

四、求更好的意涵與實例

（一）「求更好」的意涵

1. 好，還要更好。
2. 好，永遠沒有止境。
3. 好，永遠不要停止追求更好。

圖36-3　求更好永無止境

◦好，還要更好
◦好，永遠沒有止境◦

（二）求「更好」的具體項目

如下圖示：

圖36-4　「求更好」的行銷具體21個項目

1.口味可以更好	2.設計可以更好	3.包裝可以更好
4.功能／機能可以更好	5.效果、功效可以更好	6.電視廣告片製作可以更好
7.媒體宣傳可以更好	8.體驗活動可以更好	9.品質可以更好
10.質感、顏值可以更好	11.藝人代言可以更好	12.門市服務可以更好
13.售後服務可以更好	14.門市店裝潢可以更好	15.代理產品可以更好
16.專櫃引進可以更好	17.記者會舉辦可以更好	18.產品組合可以更好
19.產品通路上架可以更好	20.賣場陳列可以更好	21.KOL行銷可以更好

（三）「求更好」的具體實例

1. 7-11／全家：鮮食便當愈做愈好吃。
2. 麥當勞／摩斯／漢堡王：各式口味漢堡愈做愈好吃。
3. Panasonic、日立家電：大、小家電愈做愈好用、耐用、省電。
4. TVBS、三立、東森、民視：電視新聞及節目愈做愈好看。
5. 和泰汽車：TOYOTA汽車品質及外觀愈做愈好看及耐用。
6. SOGO／新光三越：各種新專櫃引進及改裝、新裝潢、新餐飲、愈做愈好。
7. 王品／瓦城／欣葉／漢來／饗賓：各式口味餐飲及門市店愈做愈好。

五、九字訣的9大好處、益處

上述行銷致勝的九字訣，將為公司帶來下列好處、益處，如下：

圖36-5　行銷致勝九字訣的9大好處、益處

1.更有市場競爭力	2.確保市占率及領導地位	3.確保品牌排名地位
4.增強營收帶動	5.增強獲利提升	6.可以建立更好企業、集團的品牌好形象
7.可以獲得社會大眾好口碑	8.可以長期永續經營	9.可再提升顧客滿意度

- **如何做好行銷致勝九字訣？**

最後，企業到底要如何才能做好、做強這九字訣呢？有很多作法及方向，但總結歸納，主要3個重點，如下：

1. 全體員工建立深刻的「求新、求變、求快、求更好」的做事觀念、做事準則、做事要求及形成鞏固的組織文化。
2. 將此九字訣，納入全體部門、全體員工的年終考績項目之一，激起全員對它的高度重視及行動力展現。
3. 全員要更努力、更用心去做好這九字訣，並且在每年12月底舉行一次檢討及策進大會。

圖36-6 做好行銷致勝九字訣的三項方針

1.將九字訣形塑成公司的組織文化及做事準則、做事要求

＋

2.將九字訣納入公司年終各部門及全員的考績項目之一

＋

3.每年12月年終，舉行一次九字訣的檢討及策進大會

↓

- 做好、做強行銷致勝九字訣
- 讓公司保持持續的成長、成功、永續經營力

MEMO

黃金法則 37

做好OMO全通路上架策略，有效拉抬業績

做好OMO全通路上架策略，有效拉抬業績

一、OMO全通路，計有3種狀況

企業發展OMO全通路，計可分成3種狀況：

（一）商品業

方式1

廠商原來在實體通路上架→現在增加在線上電商通路上架。

方式2

廠商原來在線上電商通路上架→現在增加在線下實體通路上架。

（二）零售業

方式3

原來只經營線下實體零售業→現在增加線上電商通路經營。

二、零售業者紛紛走向OMO全通路經營

近幾年來，大型實體零售業紛紛擴張延伸到線上電商經營，實現線上＋線下全通路經營模式，更加方便消費者訂購產品。這些OMO全通路經營的零售業者：

1. 家樂福
2. 全聯
3. Costco（好市多）
4. 屈臣氏
5. 寶雅
6. 康是美
7. SOGO百貨
8. 新光三越百貨
9. 誠品書店
10. 微風百貨
11. 燦坤3C

但到目前為止，雖說走向OMO全通路經營，但這些零售業者在線下實體通路的營收額仍占九成之多，只有一成不到，是來自線上電商的營收；因此，線下實體零售還是非常重要的。

圖37-1 實體零售業走向OMO全通路經營

1.線下實體零售營收（占90%） + 2.線上電商零售業收（占10%）

- 更方便消費者購買
- 達成線上＋線下零售整合模式

三、商品業者從實體通路走向線上電商OMO的二種方式

消費品、耐久性品、代理進口品……等商品業者，現在也大幅度從實體通路走向線上電商OMO全通路，有二種方式可以併用採行：

（一）自建電商官網（官方商城）

此即，商品業者投入人力專責成立自己公司的官方線上商城，自己來營運。很多大型商品業者都有能力自建官方商城，例如：優衣庫（Uniqlo）、台塑生醫、娘家保健品、蘭蔻彩妝品、萊雅保養品、理膚寶水保養品、植村秀彩妝、Kiehl's 彩妝、桂格、台灣花王、三得利保健品、白蘭氏、老協珍、Dyson、善存、歐舒丹、葡萄王、Panasonic小家電……等均有。

（二）上架既有的專業大型電商業者

現在，由於國內專業大型電商經營很成功，逐漸做大規模：momo、PCHome、蝦皮、雅虎奇摩、東森購物、生活市集、博客來、台灣樂天……等前八大電商公司。很多商品業者都紛紛上架到這些電商網站去銷售，也都有不錯的銷售成績。

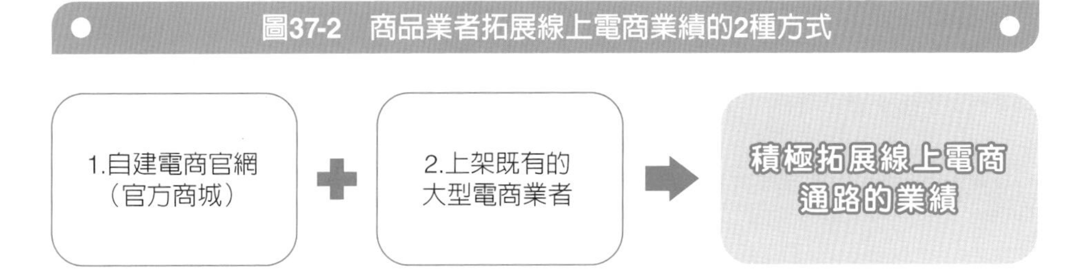

圖37-3　大型線上電商的八大業者

1.momo	2.PCHome	3.蝦皮	4.雅虎奇摩
5.博客來	6.東森購物	7.生活市集	8.台灣樂天

四、商品業者做好OMO全通路上架的好處及優點

品牌業者朝向OMO全通路上架，具有下列5大好處及優點：

1. 能夠滿足及便利消費者快速及24小時的購買需求。
2. 可以抓住線上或線下不同通路偏好的消費族群。
3. 可以掌握線上購買的消費者（會員）資料，做好會員數據分析。
4. 可增加品牌在線上及線下均能曝光，有助提升品牌知名度及印象度。
5. 最後，可以增加總業績、總獲利。

圖37-4　商品業者做好OMO全通路上架5大好處及優點

1.能夠滿足及便利顧客快速及24小時購買需求

2.可以抓住線上或線下不同通路偏好消費族群

3.可以掌握線上顧客的會員購買資料

4.可以增加品牌在線上及線下的曝光度及印象度

5.最後，可以增加總營收及總獲利

五、DTC（D2C）的崛起

最近，流行通路上的DTC（D2C）用語，此即：Direct to Consumer，直接面對消費者。此係指，品牌廠商不能只透過大型連鎖零售上賣產品給顧客，而是希望品牌廠商能夠自建自己的通路，直接面對顧客。而直接面對顧客，主要有三種：

1. 自建官方商城。
2. 在百貨公司建專櫃。
3. 自己開直營門市店。

六、注意品牌在線上與線下的價格差距

通常來說，品牌廠商在百貨公司、在超市、在超商、在量販店，因為這些零售商要抽成3成，或要拿取毛利率30%～40%，因此，品牌廠商在線下的零售價格會比在線上電商的價格，貴上10%～20%，因此，要注意兩者間的差距不要太大，避免引起大型零售商的反彈。

七、總結：OMO全通路對三方都有利

總結，品牌廠商在通路策略上，採行OMO全通路策略，線上＋線下的全通路策略作為，已是品牌廠商的最佳通路經營方向及政策，對下列三方均有利：

1. 對顧客有好處。
2. 對品牌廠商有好處。
3. 對通路商也有好處。

MEMO

黃金法則 38

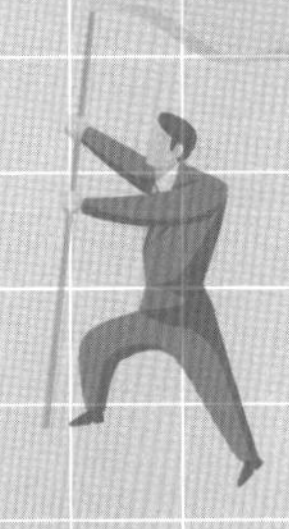

變化＝機會

變化＝機會

一、變化有二種

企業面對外部大環境的變化有二種，如下：

（一）有利的變化

如何掌握及抓住有利變化的新商機、新契機。

（二）不利的變化

如何避掉及面對不利變化的新威脅與新挑戰。

圖38-1　變化有2種

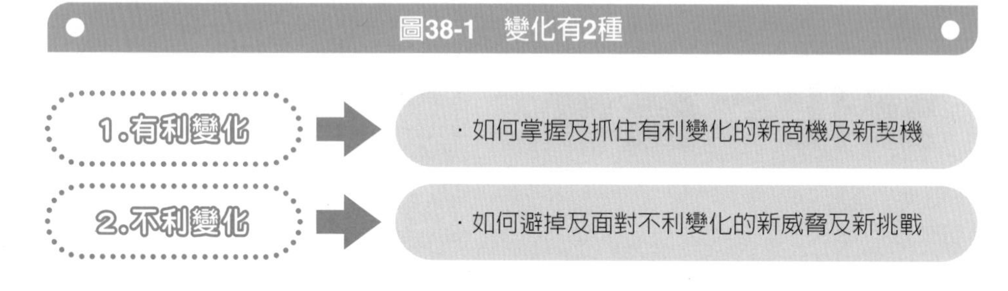

二、有利變化下的26個新商機、新機會

近幾年來，在外部大環境有利變化下，產生出26個新商機及新機會，引起很多企業的爭取及抓住：

（一）全球減碳需求

電動汽車的成長機會。

（二）不上星巴克也能喝咖啡

便利商店低價咖啡的成長機會。

（三）老年化時代來臨

保健品及連鎖藥局的成長商機。

（四）網購人不在家

超商可取貨，增加超商服務收入。

（五）全球新冠疫情

使網購需求大增商機。

（六）年輕人低薪化

使低價商品、低價零售業增加需求的商機。

（七）超商店內為何不能吃便當

使超商大店化大幅成長商機。

（八）上班族有手搖飲需求

使手搖飲連鎖店大增商機。

（九）中老年人看電視新聞

使新聞台及政論節目成長商機。

（十）每個人都希望是自媒體

FB、IG、LINE、Dcard、YT……等社群媒體出現商機。

（十一）家電省電化、電費很貴

變頻省電家電出現商機。

（十二）家裡須要高檔一點的吸塵器

Dyson高價吸塵器成長商機。

（十三）高血糖消費者的飲料變化

無糖豆漿、無糖茶飲料、無糖優格，大量出現新商機。

（十四）外食人口增多變化

各種餐飲連鎖店、超商店便當銷售成長機會。

（十五）買衣服增多變化

優衣庫（Uniqlo）、NET服飾店成長機會。

（十六）對二手平價精品有需求

三井、華泰Outlet出現商機。

（十七）百貨公司可以用餐需求

百貨公司大幅增加美食街及樓上餐廳商機。

（十八）退休族存股族增加需求

增加各種ETF股票及國外基金銷售成長商機。

（十九）出版業變化

圖解書銷售成長商機。

（二十）全球對先進晶片半導體需求增加

台積電5奈米、3奈米、2奈米高階先進晶片持續成長商機。

（二十一）網路及社群閱覽人口大增

使網路廣告、社群廣告大幅成長商機。

（二十二）對外國、國內各種展演團體及歌手演唱會需求增加

使寬宏藝術公司大幅業績成長商機。

（二十三）近年經濟景氣不佳，對促銷需求增加

使各零售業大幅增加促銷優惠活動，提振業績之商機。

（二十四）健身人口增加

使World Gym運動中心會員人數大增。

（二十五）毛小孩人口大增

使寵物食品、寵物美容業績成長商機。

（二十六）外面買鍋貼、水餃有需求

八方雲集連鎖店成長商機。

三、結語：抓住變化，就是抓住新契機

企業、零售業、服務業、品牌廠商必須指派專人、專責負責此事；並要求營運及行銷部門共同負起此責任。

因為：抓住變化，就是抓住新契機。

圖38-2　變化＝機會

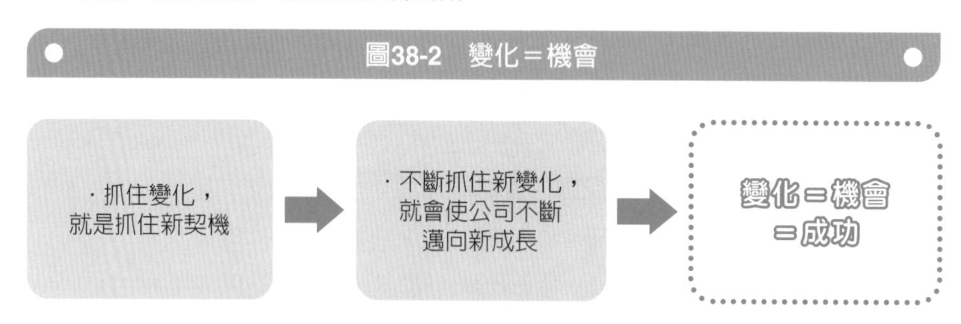

黃金法則 39

透過市調：做好科學化行銷決策

透過市調：做好科學化行銷決策

一、企業遇到哪些狀況，就要做消費者市調？

企業或品牌廠商遇到下列11種狀況時，就可能必須做市調，以解決行銷疑問並有利做科學化行銷決策，如下：

（一）想了解顧客滿意度時：

想了解顧客對我們的產品、對門市店服務、對售後服務、對宅配速度……等各項滿意度時，就會做。例如：王品餐廳、麥當勞、優衣庫（Uniqlo）、和泰汽車、中華電信、富邦金控、東森購物、家樂福……等均有定期做。

（二）對既有產品想要優化、改良、革新、加值、升級：

例如：iPhone每年推出新版手機，汽車改型、機車改型……等。

（三）開發新產品：

例如：麥當勞、摩斯開發新口味漢堡、達美樂開發新口味披薩、三陽／Gogoro開發新機車……等。

（四）想了解電視廣告效果：

例如：對某支電視廣告片的記憶度、印象度、好感度、促購度等，都可透過市調了解。

（五）想了解我們產品及品牌的主要購買者是哪些族群：

例如：林鳳營鮮奶、農榨鮮果汁、原萃綠茶、統一超商CITY CAFE、三陽機車……等都曾做過此類市調。

（六）想了解消費者的通路去處行為及購買偏愛行為：

例如：消費者為何網購？為何經常去momo網？為何去寶雅？為何去全聯？

（七）想了解消費者對我們集團的企業形象好感度及認知度：

例如：各大金控集團、各大汽車公司、各大家電公司。

（八）想了解外部大環境變化對消費者消費、需求及購買行為改變：

例如：少子化、老年化、不婚不生化、單身化、外食化、通膨化／物價上漲、升息化、經濟衰退化……等之改變影響。

（九）想了解顧客對價格調漲之影響變化。

（十）想了解競爭對手的行銷策略，對我們品牌的不利影響。

（十一）想了解消費者對我們品牌健康度（知名度、好感度、信任度、忠誠度）之影響變化。

（十二）想了解消費者的日常媒體接觸行為。

圖39-1　品牌廠商做市調的12種狀況

1.想了解：顧客滿意度	2.想了解：產品優化、改良、升級方向時	3.想了解：新產品開發可行性及方向時
4.想了解：電視廣告播出效果時	5.想了解：我們產品的主要購買群是哪些人	6.想了解：顧客的通路購買行為
7.想了解：集團的形象度、好感度	8.想了解：外部大環境變化對顧客的影響	9.想了解：產品漲價的影響
10.想了解：競爭對手行動的影響	11.想了解：自己品牌每3年的健康度	12.想了解：消費者的媒體行為

．透過科學化市調，解答疑問及制訂對的行銷決策

二、市調方法的3大類

市調方法，計有下列3大類：

（一）質化調查法

質化調查法，係針對消費者內心的看法、意見、想法、認知、需求、愛好、期待、想要的……等，透過個人化或小群體化的訪談及座談會，搜集消費者的心聲。又可分為下列4種方式：

1. 焦點座談會（FGI）：焦點座談會的英文簡稱為FGI（Focus Group Interview）每次以6～8人，舉行一場2小時的消費者座談會。

2. 一對一深入訪談：係指針對學者、專家、意見領袖、網紅代表等進行一對一式的較深入訪談，搜集他們的專業意見。

3. 家庭訪問法：係指將新產品及問卷，留置在已聯絡好的家庭女性家中，經過一段時間使用後，再請她們填寫問卷，並親自她們家裡，對她做要點式訪談，以搜集意見。

4. 賣場現場訪問法：係指在超商、超市、量販店、門市店、專賣店內，針對各種問題，詢問在賣場的消費者，以搜集意見。

圖39-2　質化的4種調查法

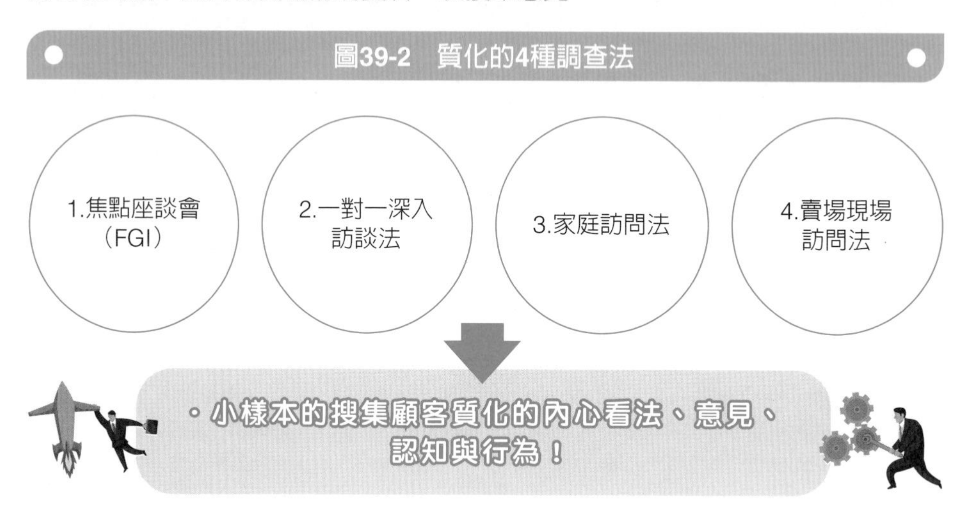

（二）量化調查法：

量化，係指大樣本（數百、數千個）的搜集消費者數據化、百分比的資訊結果。又可分為下列6種量化方法：

1. 網路E-mail調查法。
2. 手機填寫調查法。
3. 家庭電話問卷訪問調查法。
4. 店內問卷填寫調查法。
5. 街訪問卷調查法。
6. Social listening（社群聆聽及網路聲量搜集法）。

上述這些量化調查法，都是經常看到及用到的市調法。

圖39-3　量化調查6方法

1.網路E-mail調查法	2.手機填寫調查法	3.家庭問卷電話訪問法
4.門市店內填寫問卷法	5.街訪問卷法	6.Social listening 社群聆聽及輿情搜集法

↓

搜集較大樣本的消費者或會員意見，取得各種百分比數據資料，以利做行銷決策

（三）現場觀察法：

在百貨公司內、門市店內、主力商圈內、賣場內……等，觀察消費者的人數流量及人群結構，然後加以分析及判斷，提供品牌廠商、服務業做決策參考。

三、如何做好市調工作6要點

品牌廠商及企業又該如何做好市調工作呢？主要有下列6點要注意：

圖39-4　如何做好市調工作6要項

1.找到一家有信譽、有口碑的優良市調公司	2.品牌公司與市調公司，雙方要用心設計出精準的問卷題目	3.了解每次市調的目的及任務在哪裡
4.執行時，應去市調公司現場去觀看及瞭解	5.針對每次市調結果的各項數據及百分比，要仔細加以分析及註釋	6.根據市調數據結果，以利訂定公司的行銷對策及決策

四、市調專案費用

委外執行一份市調專案的費用，實務上大致如下：

1. FGI一場：約10萬～15萬元

2. 網路調查（一次）：約10萬～20萬元
3. 家庭電話訪問（1,000人次）：約20萬～40萬元

五、比較知名市調公司

目前，市面上比較知名的市調公司或行銷研究公司，包括有：

1. 尼爾森
2. 益普索
3. 凱度（KANTAR）
4. 東方線上
5. 鼎鼎聯合行銷（HAPPY GO卡）
6. 靈智精實
7. 蓋洛普
8. 世新大學
9. 其他市調公司

圖39-5　比較知名市調公司

1.尼爾森	2.益普索	3.凱度
4.東方線上	5.鼎鼎聯合行銷	6.靈智精實
7.蓋洛普	8.世新大學	9.其他市調公司

六、市調的目的及用處

市調進行，對品牌廠商來說，是經常可見的，委外市調的主要目的及用處，主要有如下圖示3點：

圖39-6　委外市調的目的及用處

1.有效解決公司在行銷上的疑問點、想了解點
＋
2.提供公司科學化行銷決策的參考數據
＋
3.提供公司做對行銷對策及行銷決策之用

↓

幫助公司提升行銷應變力、決策力、致勝力三大力量來源

黃金法則 40

持續展店：達成規模經濟優勢，並快速占有市場

- 在行銷及經營策略上，保持持續展店，確實是非常重要的一個大方向、大政策與大策略，沒有雄心的持續展店，服務業、零售業、餐飲業就不可能成為領導品牌，也不會成功致勝。

持續展店：達成規模經濟優勢，並快速占有市場

一、持續展店，達成規模經濟優勢之成功實例

茲列舉國內各行各業，近十多年來，持續展店成功的實例，如下圖示：

圖40-1　持續展店、經營成功的實例

1.統一超商 6,900店	2.全家超商 4,200店	3.全聯超市 1,200店	4.家樂福量販店 ＋超市 320店
5.美廉社小超市 800店	6.新光三越百貨 19大館	7.SOGO百貨 9大館	8.屈臣氏美妝店 500店
9.康是美美妝店 400店	10.寶雅＋寶家 350店	11.三井Outlet 3大館	12.優衣庫 （Uniqlo） 70大店
13.大樹藥局 250店	14.杏一藥局 230店	15.寶島眼鏡 300店	16.信義房屋 350店
17.中華電信 800門市店	18.麥當勞 400店	19.Costco好市多 量販店 14大店	20.大潤發量販店 25大店
21.特力屋 20大店	22.大苑子手搖飲 200店	23.NET服飾 120店	

躍居市場同業前3大品牌

二、持續展店，可帶來哪些優勢及好處？

企業保持每年持續展店速度，可帶來下列7大優勢及好處，如下圖示：

圖40-2　企業持續展店，可帶來7大優勢及好處

1.會產生好的規模經濟效益優勢

2.會提前占有市場、占有店面位置

3.能產生成本上、物流上、廣告上及營運上的各種好的綜效

4.能持續增加總營收及總獲利

5.可確保市占率及市場領導品牌形象

6.可形成通路巨人，發揮通路影響力

7.可產生總體的市場競爭力

占有市場，持續營收及獲利成長

三、持續展店的準備項目

企業要想持續展店成功營運，必須隨時準備好下列10項經營實力、能力及資源，才有辦法成功。如下圖示：

圖40-3 持續展店成功的10項經營實力、能力及資源準備項目

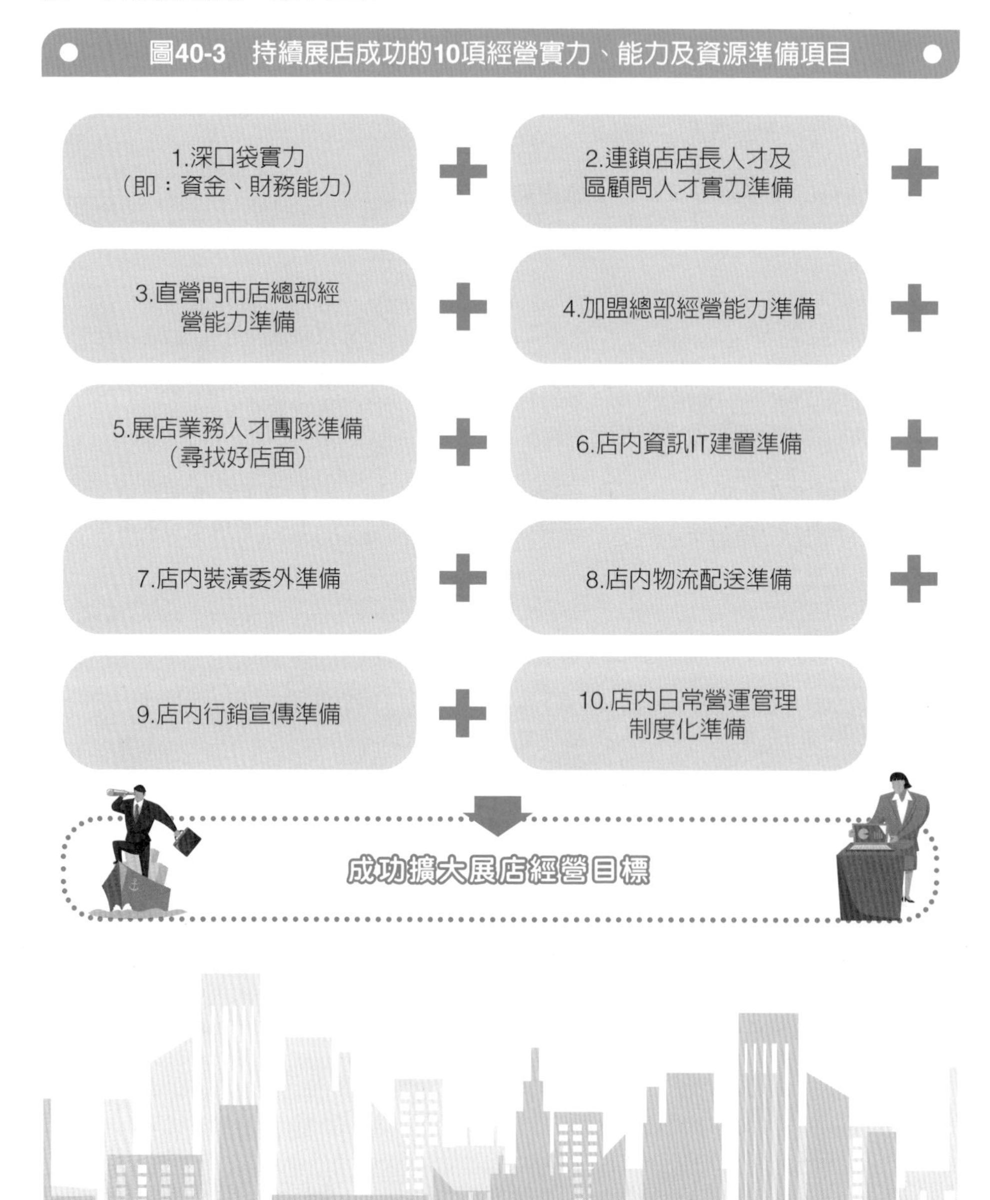

黃金法則 41

運用KOL/KOC網紅行銷：創造品牌好印象度及增加業績力

運用KOL/KOC網紅行銷：創造品牌好印象度及增加業績力

一、KOL/KOC網紅行銷之意涵

最近二、三年來，品牌廠商運用KOL/KOC做行銷推廣，有愈來愈多趨勢，成效反應也不錯。KOL（Key Opinion Leader），意指「關鍵意見領袖」，亦即指網路上有影響力的人，稱為網紅；這些網紅因為有群忠實粉絲群，從數萬人、數十萬人、到上百萬人，故成為不可忽視的行銷推廣之有力人物。KOC（Key Opinion Consumer），則指「關鍵意見消費者」，係指粉絲人數僅在數千人到上萬人的網紅，又稱微網紅、小網紅、奈米網紅，或稱素人網紅均可，他／她們的忠實粉絲人數雖不多，但都很黏著，互動率也較高，也更信任這些微網紅說的話及推薦的產品。

總之，這二類大、小網紅均有其功用，都能對行銷推廣產生好的效果。

圖41-1　大、小網紅二大類

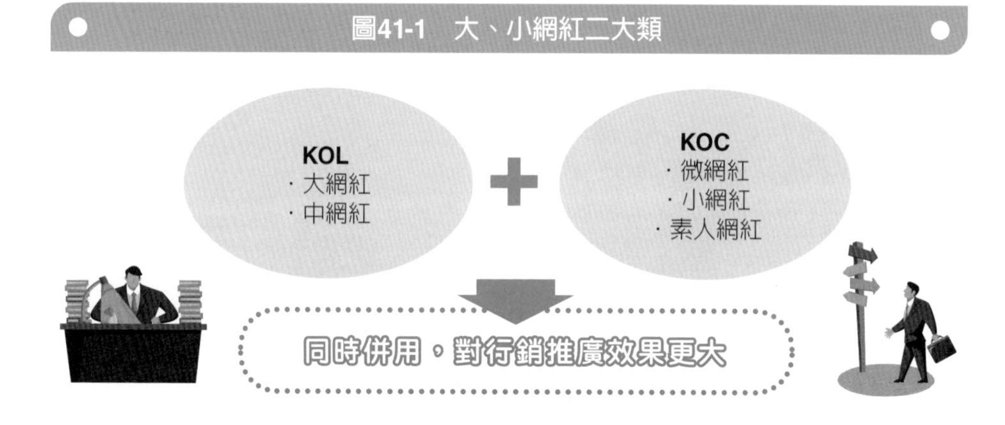

二、KOL/KOC網紅行銷的目的及效果

品牌廠商愈來愈多活用KOL/KOC做行銷推廣，歸納主要能達成下列3大效果。這3大效果，都是重要的，也是品牌廠商所需要的。

1. 能增強品牌的印象度及好感度。
2. 能增加新的粉絲客群。
3. 能增加業績銷售。

圖41-2 活用KOL/KOC做行銷推廣3大效果

1.能增加品牌的印象度及好感度 ＋ 2.能增加新的粉絲客群 ＋ 3.能帶動業績的增加

↓

對企業產生好成果、好效果

三、KOL/KOC行銷的3種操作方式

運用KOL/KOC行銷，主要表現方式，有三種：

1. 以貼文或短影片呈現＋連結訂購網。
2. 發出期限團購文。
3. 定期直播導購／帶貨。

圖41-3　KOL/KOC的三種操作方式

1.以貼文或短影片呈現＋連結訂購網	2.發出期限團購文	3.定期直播導購／帶貨

上面三種方式，其實，其主要核心只有二個：第一是，讓品牌曝光、有印象；第二則是，希望粉絲能訂購，增加品牌銷售業績。

四、KOL/KOC行銷的社群平台

KOL/KOC完成一篇貼文或一支短影片之後，到底要上哪些社群平台呢？一般來說，經過統計，KOL/KOC經營自己的平台，主要有四種：

1. FB（臉書）
2. IG
3. YT（YouTube）
4. LINE

此外，這些貼文或短影片素材，也可增加多元化運用，例如：可以用在品牌廠商的官網、官方粉絲團及品牌線上商城，都可以多重運用，以產生更大效果。

圖41-4　KOL/KOC的貼文及短影片可以上的社群平台

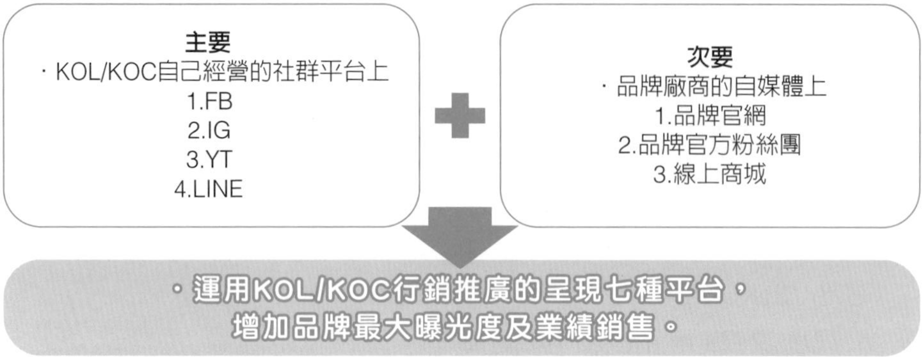

主要
．KOL/KOC自己經營的社群平台上
1.FB
2.IG
3.YT
4.LINE

＋

次要
．品牌廠商的自媒體上
1.品牌官網
2.品牌官方粉絲團
3.線上商城

．運用KOL/KOC行銷推廣的呈現七種平台，
增加品牌最大曝光度及業績銷售。

五、KOL/KOC四種運用的組合策略

在組合運用上，主要有四種組合策略可供採用，目前都有品牌廠商採用：

（一）公司預算夠的話，可採用

1. 策略1：KOL＋KOL策略。即同時運用多個KOL，以產生更大影響力及震撼力。

2. 策略2：KOL＋數十個KOC策略。即同時運用大網紅＋小網紅並用方式，可觸及更多粉絲群目光及更大效果。

（二）公司預算少時，可採用

3. 策略3：單一KOL策略。

4. 策略4：十多個KOC策略。

圖41-5　KOL/KOC四種組合運用策略

策略1：KOL＋KOL策略（同時運用多個KOL呈現）	**策略2**：KOL＋數十個KOC策略（大網紅＋數十個小網紅呈現）	**策略3**：單一KOL策略	**策略4**：數十個KOC策略

六、KOL/KOC行銷操作成功的6項關鍵點

那麼，具體說，KOL/OC行銷要成功操作，必須注意6個關鍵點：

1. 要找到對的、合適的、契合度高的、積極的、有效果的KOL/KOC，才最重要。
2. 靈活運用KOL＋KOC的2種組合，對粉絲的觸及率、涵蓋面會更廣。
3. 重視層面，從提升品牌曝光度，轉到重視銷售業績操作，業績創造第一。
4. 要有價格上的折扣優惠及抽贈獎操作，才能提高粉絲購買的足夠誘因。
5. KOL/KOC要自己親身使用過這個產品或長期使用，才有說服粉絲購買的見證能力。
6. KOL/KOC要避免有強迫推銷或業配太多、太頻繁的不佳感覺。

圖41-6　KOL/KOC行銷推廣成功6要點

1.要找到對的、合適的、契合度高的、積極的、有效果的KOL/KOC	2.靈活運用KOL＋KOC二種組合，使觸及率能更高	3.從重視品牌曝光度，轉到對業績成交的重視
4.價格要有很大折扣優惠感受，誘因要夠	5.KOL/KOC要自己親身長期使用，才有見證效果	6.要避免強迫推銷或業配太頻繁的不好感受

七、KOL/KOC給付費用的計算

運用KOL/KOC的給付費用，到底是多少？主要有二種方式：

（一）固定稿費或製作費

以前，大都只是單純的一篇KOL貼文或一支短影片，故只要給他／她們一篇稿費（數千元～數萬元之間），或一支影片製作費（10萬元～30萬元之間）即可。

（二）固定稿費＋銷售拆帳（分潤）

但是最近一、二年來，大都轉向，除固定稿費外，另加上銷售拆帳（分潤）

的模式。拆帳（分潤）比率，大概是產品售價的15%～25%之間。此種方式，可以更加激勵網紅們更加努力做銷售推廣。例如：

- 一篇貼文：1萬元
- 銷售分潤：10萬元（50萬元×20%）

　　合計：11萬元收入

即此波活動，該名KOL在一個月內，可得到11萬元的網紅操作專案收入。

圖41-7　KOL/KOC給付費用分二種方式

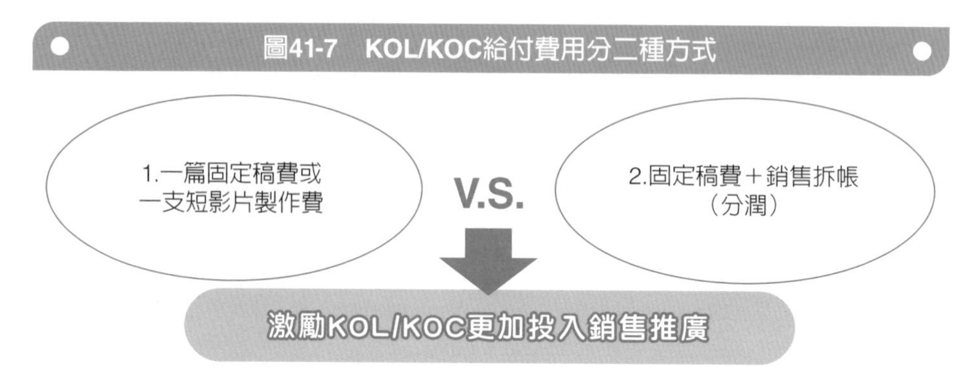

八、KOL/KOC操作的數字效益評估

對KOL/KOC網紅操作的最後數字效益評估要如何做？舉例如下：

1. 某次活動邀請

　　30位KOC合作貼文
× 每人5,000人粉絲

　　合計：15萬人粉絲數
× 5%（有效果）訂購比率

　　約7,500人訂購
× 500元（平均單位）

創造：375萬元業績收入

2. 合計總效益

（1）此次活動，創造375萬元業績收入。

（2）此次活動，創造7,500人新增顧客人數，他／她們以後仍有可能會再回購。

（3）此次活動，增加對15萬人粉絲群的品牌曝光率。

圖41-8　邀請30位KOC合作貼文可能產生的3大效益

1.創造375萬元業績收入  2.創造7,500人新粉絲顧客增加  3.增加對15萬人粉絲的品牌曝光率

九、內部組織如何做？

品牌廠商應成立專責小組及專責人員負責長期運作KOL/KOC行銷推廣任務。

其專責人員，可從：1.行銷企劃部 2.營業部，這兩個單位調任成立專責小組，長期用心負責，才會有成效出現。

本專案小組，應該隸屬在行銷企劃部或業務部底下均可，不必另外獨立成為一個部為佳，因為這樣比較能團隊合作及取得公司資源。

圖41-9　KOL/KOC的專責人員

1.行銷企劃部  2.營業部

↓

調派人員，成立專責小組，長期負責，才會有效果

十、自己做或委外做或兩者兼有

最後，KOL/KOC的真正執行操作類型，有三種：

1. 大型公司：完全自己成立專案小組來做。
2. 中小企業：完全委託外面專業的網紅行銷經紀公司來代操。
3. 中型公司：兼做自己做＋委外代操兩者方式進行。

圖41-10　自己做或委外代操KOL/KOC行銷

1.大型公司
· 完全自己做

或

2.中小企業
· 委外公司代操

或

3.中型企業
· 兩者方式兼具並進

MEMO

黃金法則 42

信任行銷：強化消費者的最高信任度（信任＝銷售）

信任行銷：強化消費者的最高信任度（信任＝銷售）

一、打造顧客心中的最高信任感（高TP值）

做品牌行銷或品牌經營，最核心的關鍵任務之一，就是要想辦法強化、提升消費者及顧客們，對我們品牌及企業有一個高的TP值（Trust Performance），即高度的信任感、信任度。

因為：信任＝銷售

因為：沒有信任＝沒有銷售

圖42-1　打造消費者心中的最高TP值（信任度）

·加強打造消費者心中，對品牌及企業的最高TP值（信任度）

因為：
。信任＝銷售

二、對各行各業第一品牌的信任成功實例

茲列舉國內各行各業第一領導品牌，都是獲得顧客高度信任的，才會有好的業績力及強的品牌力成果；如下：

1. 冷氣機：大金、日立
2. 電冰箱：Panasonic
3. 洗衣機：Panasonic
4. 速食：麥當勞
5. 電視新聞台：TVBS
6. 金控集團：國泰世華、富邦
7. 泡麵：統一企業
8. 茶飲料：統一企業
9. 自行車：捷安特
10. 機車：光陽、三陽
11. 筆電：ASUS
12. 手機：iPhone
13. 國產汽車：和泰（TOYOTA）
14. 電子鍋：象印／大同
15. 燕麥片：桂格
16. 米：三好米
17. 廚具：櫻花
18. 鍋貼、水餃：八方雲集
19. 超商咖啡：CITY CAFE（統一超商）
20. 國民服飾：優衣庫（Uniqlo）、NET

21. 餐飲集團：王品、瓦城
22. 醫院：台大、台北榮總
23. 航空：華航、長榮
24. 平價洗面乳：花王、專科
25. 財經周刊：《商業周刊》
26. 鮮奶：林鳳營（味全）、瑞穗（統一）
27. 腰果：萬歲牌（聯華食品）
28. 頭痛藥：普拿疼
29. 牙膏：好來（黑人）
30. 芳香品：花仙子
31. 液晶電視：Sony
32. 電視台：三立、東森、TVBS、民視
33. 房屋仲介：信義房屋、永慶房屋
34. 網購：momo
35. 展演代理：寬宏藝術

三、信任行銷的15個面向

企業及品牌廠商，可從下列15個面向，強化顧客對我們的信任度及信賴感：

圖42-2　信任行銷的15個面向

1.食安信任	2.品質信任	3.保證信任	4.售後服務信任
5.體驗信任	6.口碑信任	7.品牌信任	8.訂價信任
9.功能、功效信任	10.耐用度信任	11.環保信任	12.廣告信任
13.宅配速度信任	14.天然、有機原料信任	15.代言人／網紅信任	

四、從行銷4P/1S/1B/2C的八項組合戰鬥力面向，看「信任行銷」

另外，如果我們從比較結構化、精簡化來看信任行銷的面向時，可採用「行銷4P/1S/1B/2C」的八項組合戰鬥力面向，努力創造出最重要的這八大項信任感：

圖42-3　八項組合的信任度打造

1.對產品信任度	2.對定價信任度	3.對通路購買信任度
4.對推廣宣傳信任度	5.對服務信任度	6.對品牌信任度
7.對企業社會責任信任度	8.對會員經營信任度	

黃金法則32　不斷反省、檢討自己，超越自己＋找到顧客需求＝勝利、成功

五、如何做好「信任行銷」？

如何做好「信任行銷」？最主要如下幾點：

1. 要建立全體員工對「信任行銷」的最重要理念與認知，永遠放在內心。
2. 所有員工，在工作崗位上的努力及執行力，都要以能建立「顧客對我們的信任」為最重要方針及目標。
3. 公司全體部門及全體員工，都要努力、用心、正確的做好各部門應做的職業工作，切不可有任何疏忽或錯誤產生。
4. 每年底檢討、反省是否朝向「信任行銷」又更進步了。

圖42-4　做好「信任行銷」4要點

1.建立對「信任行銷」的理念及價值觀	2.執行力上，要努力朝此方向努力
3.全部門、全員工，切不可有疏失及錯誤產生	4.每年底舉辦一次檢討、反省、策進大會

黃金法則 43

「庶民行銷」時代來臨了

「庶民行銷」時代來臨了

一、低薪人口龐大，成為低價（庶民）行銷很好的市場

根據國稅局統計資料顯示，全台月薪在3萬元以下的總上班族，高達200萬人之多；而月薪在4萬元以下的總人數，也高達300萬人之多。這些龐大的低薪人口，已成為低價市場的消費族群，此即「庶民行銷」時代來臨了。

很多零售業、餐飲業、速食業、開架式彩妝保養品業、日常消費品業、手搖飲業……等都針對此庶民龐大市場搶占。

圖43-1　低薪人口龐大，成為庶民行銷好市場

1.全台月薪3萬元以下：有200萬人之多

2.全台月薪4萬元以下：有300萬人之多

3.退休，60歲以上很低收入人口：數百萬之多

超過500萬以上低薪人口，支撐庶民行銷大市場

二、低價／平價／庶民行銷成功實例

茲列舉近幾年來，各行各業走向低價、平價、庶民行銷的實例：

1. 麥當勞：推出1＋1＝50元方案，即：一個較小香雞漢堡＋1瓶紅茶方案。
2. 全聯超市／家樂福量販／好市多量販／屈臣氏：都是以訴求低價，但好品質為訴求重點。
3. 開架式美妝保養品：專科、肌研、花王Bioré，都屬平價開架式保養品。
4. 餐飲：石二鍋火鍋連鎖店、八方雲集鍋貼店都是平價餐飲店。
5. 小米／OPPO手機：初進台灣市場，亦以低價手機進入。
6. 咖啡：超商咖啡、路易莎咖啡、85度C咖啡，均屬40元～80元的平價咖啡。
7. 茶飲料：統一企業、御茶園、原萃……等均推出20～25元之間的平價寶特瓶茶飲料。

8. 大成雞蛋：亦屬低價蛋。

9. 其他：還有很多行業業者也推出平價產品

三、低價（庶民）行銷的意涵

低價（庶民）行銷，不代表產品就是低品質、功效較差的意思；反之，低價（庶民）行銷之意，須具備二要件：

1. 品質穩定、中高程度的品質、還算是好產品。
2. 是平價的、低價的、價格親民的，符合基層大眾所可負擔的價格。

圖43-2　低價（庶民）行銷2要件

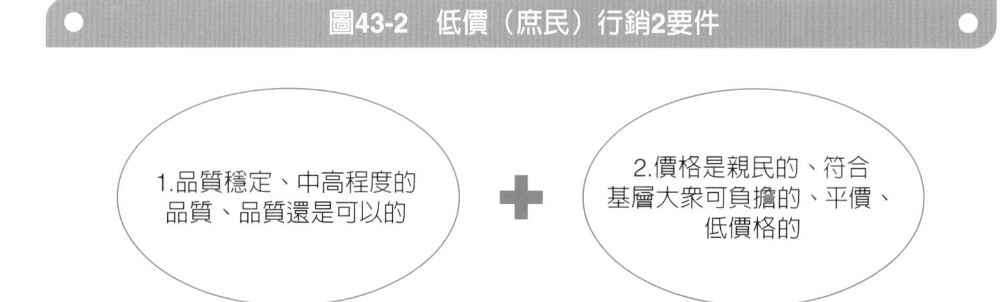

四、如何做到低價（庶民）行銷？

那麼，企業如何做到低價、高CP值、庶民的條件？有如此4項要點：

（一）降低產品成本

產品製造地，儘可能移往東南亞、中國等地，有效降低製造成本。

（二）形成規模經濟化

不管是零售業、餐飲業、服務業、消費品業、耐久品業、3C電子業……等，都必須努力拓展在：1.店數上的規模性 2.銷售上的規模性 3.上架舖貨上的規模性 4.產品組合的規模性 5.店坪數上的規模性 6.物流上的規模性 7.採購上的規模性 8.製造生產上的規模性 9.會員人數上的規模性……等9項規模性的競爭優勢才可以。

（三）不要求高毛利、高獲利率，減少賺錢

此外，企業自身政策上，並不要求高毛利率、高獲利率，減少賺錢，自然就可以降低價格，形成低價格、親民的價格。例如：全聯超市林敏雄董事長，只要

求2%的獲利率就好。另外，像台灣Costco（好市多），毛利率也只有12%，獲利率也只有2～3%而已，它賺的是300萬人會員的年會費。

（四）控制管銷費用

廠商除控制製造成本外，也要控制管銷費用（營業費用），也可形成價格低一些的能耐。

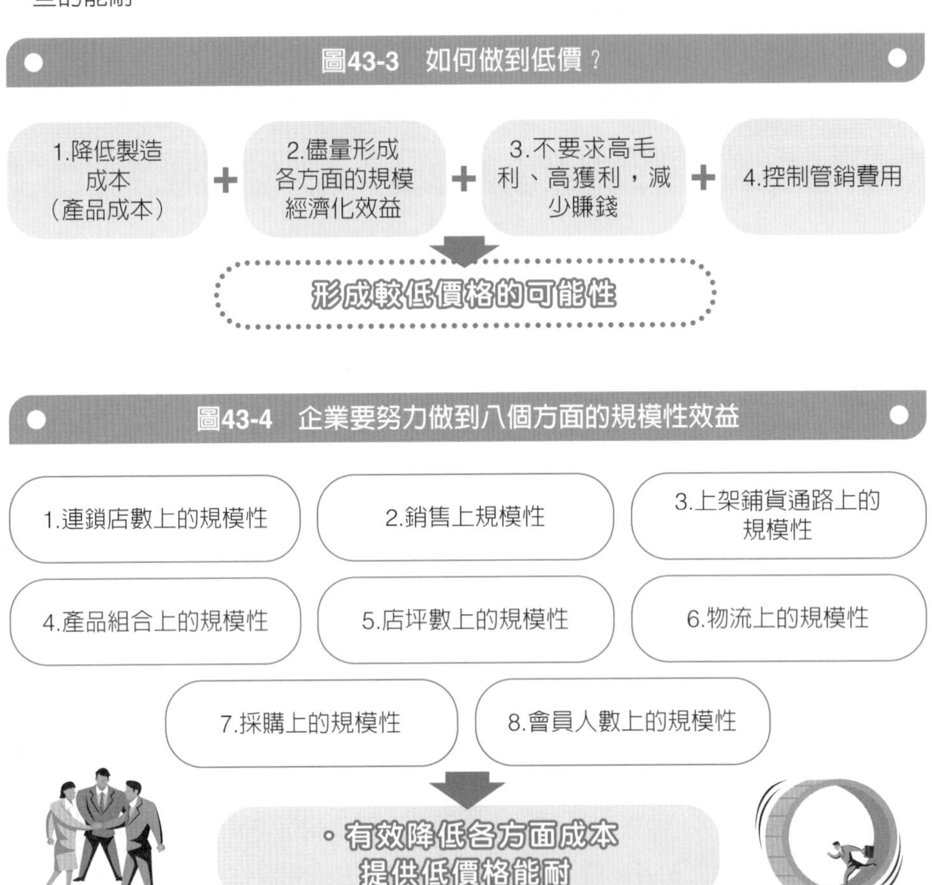

黃金法則 44

心占率＋市占率：先有消費者「品牌心占率」，才會有銷售「品牌市占率」

心占率＋市占率：先有消費者「品牌心占率」，才會有銷售「品牌市占率」

一、品牌心占率（**Mind Share**）的意涵

提高「品牌心占率」，是行銷人員工作上的重要任務之一。企業一定要努力去營造出、型塑出高的及鞏固的「品牌心占率」。「品牌心占率」的意涵，是指：

1. 該品牌永遠存在消費者的內心深處。
2. 當有消費需求時，該品牌就會被指名及優先性。
3. 此品牌在消費者心裡有堅固的好感度、信任度及忠誠度。

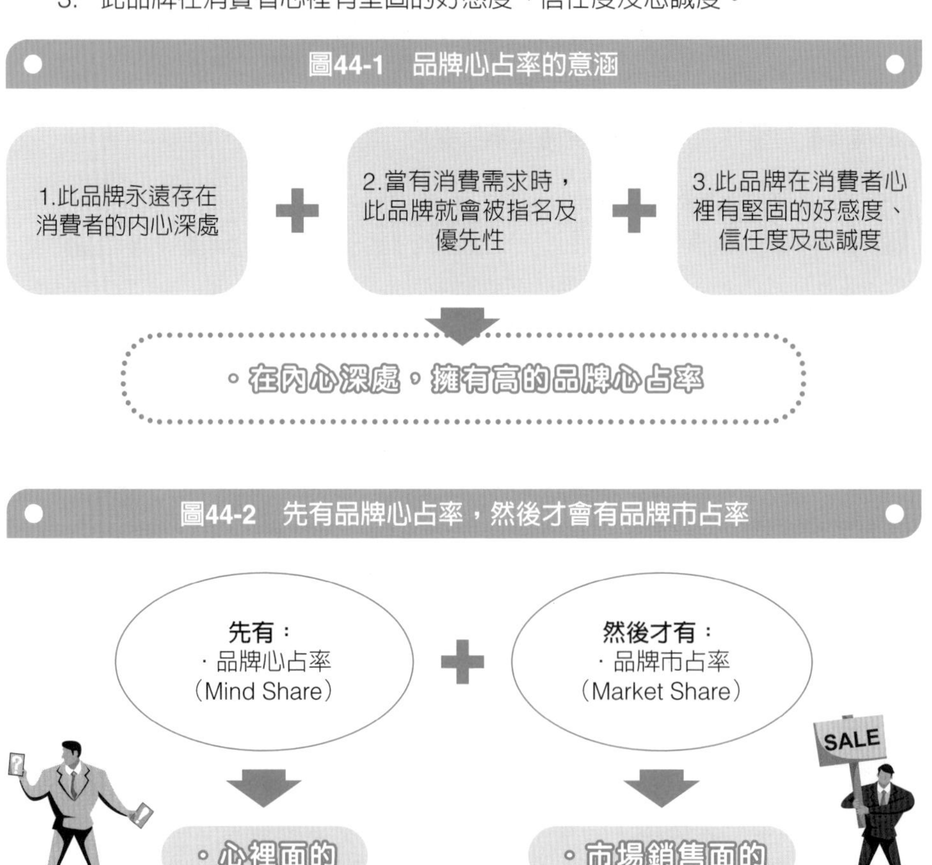

圖44-1　品牌心占率的意涵

圖44-2　先有品牌心占率，然後才會有品牌市占率

二、擁有高品牌心占率及高品牌市占率之實例

茲列舉下列市場上具有20%以上的高市占率第一品牌及心占率的優良品牌：

1. 一般轎車：TOYOTA。
2. 進口豪華車：Benz（賓士）、BMW。
3. 速食：麥當勞。
4. 牙膏：好來（黑人）。
5. 高價衛生紙：舒潔。
6. 電冰箱／洗衣機：Panasonic（台灣松下）。
7. 麥片：桂格。
8. 國民服飾：優衣庫（Uniqlo）／NET。
9. 平價洗面乳：花王Bioré／專科。
10. 維他命：善存。
11. 超市：全聯。
12. 量販店：家樂福。
13. 美式賣場：Costco（好市多）。
14. 泡麵：統一企業。
15. 沖泡咖啡：雀巢。
16. 超商平價咖啡：統一超商7-11。
17. 中高價咖啡館：星巴克。
18. 歐洲名牌包包：LV、GUCCI、HERMÈS。
19. 美食快速：Uber Eats、foodpanda。
20. 百貨公司：新光三越、SOGO百貨。
21. 電鍋：大同。
22. 廚具：櫻花。
23. 機車：光陽／三陽。
24. 房仲：信義／永慶。
25. 鍋貼、水餃：八方雲集。
26. 高價電視機：Sony。
27. 平價電視機：禾聯。

28. 中高價手機：iPhone。
29. 五星級大飯店：君悅、晶華、寒舍艾美。
30. 二手名牌Outlet：三井。
31. 香氣、除臭劑：花仙子。
32. 牛奶花生：愛之味。
33. 高價吸塵器、吹風機：Dyson。
34. 腰果：萬歲牌（聯華食品）。
35. 湯圓、火鍋料：桂冠。
36. 冷氣機：日立／大金。
37. 洋芋片零食：樂事。
38. 碳酸飲料：可口可樂。
39. 茶飲料：統一企業。
40. 醬油：金蘭、萬家香、龜甲萬。
41. 香皂：LUX（麗仕）。
42. 洗髮精：飛柔、潘婷、566、多芬。
43. 高價電子鍋：象印。
44. 濃湯：康寶。
45. 運動鞋：Nike。
46. 自行車：捷安特。
47. 奶粉：桂格／克寧。
48. 鮮奶：林鳳營、瑞穗。

三、如何營造、提升、確保及鞏固消費者品牌心占率？

企業及品牌廠商在長期經營及行銷過程中，要如何營造、提升、確保及鞏固消費者心目中的品牌心占率？主要有下列10點：

（一）真正做好優質產品力

做好產品力是最基本、最根本的，消費者長期性、習慣性的使用、購買此產品，慢慢就形成鞏固的品牌心占率。

（二）有好口碑傳出

產品及品牌的評價，要在人際間、親朋好友間及社群媒體上，都長期有正評的口碑行銷傳出來，很少有負評，這種長期累積好口碑，也會形成高的品牌心占率。

（三）優質服務，做得好

要很重視各項服務做到位，包括：售前的、售中的、售後的服務，都要注意照顧好，長期做出優質、有溫度的服務，也會在消費者心目中，留下極好印象，品牌心占率自然會提升。

（四）保持高的顧客滿意度

企業不管是那一個行業，最終都要注意及調查每年的顧客滿意度是多高？每年要持續保持在90%以上，亦即，有九成顧客滿意我們的產品，滿意我們的服務，滿意我們的創新與進步。

（五）產品要不斷推陳出新

消費者用久了產品或品牌，有時也會喜新厭舊的，這是人性；因此，品牌廠商及服務業、零售業、餐飲業必須不斷推陳出新，不斷給消費者9感才會長久保持我們產品及品牌，在消費者心目中的高的心占率及市場上高的市占率：

1. 新鮮感
2. 興趣感
3. 驚豔感
4. 優化感
5. 進步感
6. 肯定感
7. 方便感
8. 讚美感
9. 創新感

圖44-3　產品要不斷推陳出新

品牌心占率產品推陳出新的九感

＋

9. 創新感
8. 讚美感
7. 方便感
6. 肯定感
5. 進步感
4. 優化感
3. 驚豔感
2. 興趣／好奇感
1. 新鮮感

（六）長期不斷的投放廣告宣傳

品牌廠商也必須長期性十年、二十年、三十年、五十年的持續投放廣告宣傳，以確保我們的品牌好形象，永遠在消費者的眼睛裡及心目中，永遠有存在感、記憶度及陪伴左右感，才會永保高的品牌心占率。

（七）善盡企業社會責任（CSR）

現代的優良好企業的定義，不只是會賺錢，不只是能提供優質好產品及好服務而已；而更是要能夠：善盡企業對社會的責任，包括：環境保護、減碳、減塑、社會弱勢贊助／捐助、社會關懷……等，才能夠在消費者心目中，認為是真正的優好企業形象，也才會有永遠高的品牌心占率，也才會永遠購買我們固定的品牌產品。

（八）官方粉絲團經營

現在是社群媒體及自媒體行銷時代，品牌廠商也必須做好官網、官方FB、官方IG、官方YT，以及粉絲團（粉絲專頁）經營、互動和回應，讓我們及我們品牌成為粉絲們的好朋友，形成一群鞏固的「鐵粉」，永遠保持消費者心目中的高品牌心占率。

（九）不時的優惠回饋給主顧客們

我們的主顧客們及會員們，還是希望品牌端能夠定期的給他／她們一些價格上的折扣優惠回饋，讓他／她們實質上能感受到我們品牌端的真實善意，而不是口惠而實不全。

（十）不要有負面新聞出現

要永遠保持高的品牌心占率，必須切記：千萬不要有負面、不好的新聞出現，這都會損害及降低我們的品牌心占率。

圖44-4　如何營造、提升、確保及鞏固消費者心中的高品牌心占率10種作法

1.真正做好優質產品力	2.有好口碑傳出	3.優質服務，做得好	4.保持高的顧客滿意度	5.產品要不斷推陳出新
6.長期不斷的投放廣告宣傳	7.善盡企業社會責任	8.官方粉絲團經營	9.不時的優惠回饋給主顧客們	10.不要有負面新聞出現

↓

創造出長期性的消費者品牌心占率

黃金法則 45

高回購率：行銷成功的終極指南針

高回購率：行銷成功的終極指南針

一、高回購率的意涵

高回購率的意涵，是指：顧客每次用完產品後，就會再回去買固定品牌的產品，或是再回去原來的賣場買東西，此稱對此品牌、此產品、此門市店、此賣場的高回購率。例如：

1. 每月用完一條「好來」牙膏，再回去賣場買同一品牌牙膏。
2. 每月用完一瓶「多芬」洗髮精，再回去賣場買同一品牌洗髮精。
3. 每週固定、經常性去家附近的全聯超市買東西，很少換賣場。
4. 每週固定買麥當勞漢堡吃。
5. 每10年用一部TOYOTA汽車，連續30年人生，買了三部車，都是買TOYOTA車子品牌。

二、如何穩定、提升及鞏固顧客的「高回購率」、「高回流率」？

企業及品牌廠商究竟要如何做，才能有效穩定、提升及鞏固好顧客對我們品牌或門市店的「高回購率」、「高回流率」？有如下9種作法：

（一）做出、提供真正好產品，顧客使用後，有很高滿意度

像作者家裡17年前，買了一台「禾聯」本土液晶電視機，用了17年到現在，都還沒壞掉，因此，我心中對「禾聯」品牌及公司的滿意度是非常高的。因此，品牌廠商就必須做出真正好產品，賣場也要提供、採購真正好產品來賣。「真正好產品」的定義：

1. 高品質及穩定品質。
2. 高功能、高性能、技術強。
3. 高功效、有效果、有益處。
4. 高耐用、高壽命期、能長期使用不壞掉。
5. 高顏值、設計好看、耐看及外觀／內裝／包裝都好看。
6. 維修快速就完成。
7. 標示明白清楚。
8. 有保證、保固期間。

9. 能免息分期付款。

10. 有高CP值、物超所值感受。

圖45-1 「真正好產品」定義的10項要點要求

1.高品質及穩定品質	2.高功能、高性能、技術強	3.高功效、有效果、有益處	4.高耐用、高壽命期、能長期使用不壞掉
5.高顏值、設計好看、耐看及外觀／內裝／包裝都好看	6.維修能快速完成	7.標示明白清楚	8.有保證、保固期間
	9.能免息分期付款	10.有高CP值、物超所值感受	

↓

打造出真正、優質的好產品出來

（二）定價要令人感到具高CP值、親民的、高性價比、高物超所值感

第2個，產品的定價一定要合理、合宜、平價、親民、買得起、值得買、想買的，定價也蠻重要的，它會影響到顧客的再次回購、回店、回流與否。

（三）方便購買、24小時都可買得到

產品要更能普及性的、很快的、方便的、24小時都可買到的；因此，一定要做好主流線上＋線下（OMO）全通路的產品上架才可以。例如：作者我家附近，就有2家全聯超市，我買東西，100%都在全聯買。此外，也有統一超商及全家，我也經常回去買。能夠做到在主流連鎖全通路上架，顧客就會習慣性的回去購買東西，或購買此品牌、此產品。

（四）要配合賣場及電商業者，定期做促銷優惠，回饋顧客

100%任何顧客都是會想要有折扣、有附贈、買一送一的促銷優惠活動的，

能夠定期廠商自己做，或配合賣場一起做，都可以；這樣，顧客就會持續讓他／她們自己對此賣場、對此品牌有高回購率。因此，凡是期終的週年慶、五月媽媽、八月中元節、一月春節過年、九月中秋節、六月年中慶、八月爸爸節、開學祭、情人節、聖誕節、化妝品節、雙11節、雙12節、保健食品節……等，都是必須對顧客表達真誠優惠、折扣的廠商心意，才會讓顧客對此品牌、對此賣場有好印象、有高回購率。

（五）保持不斷優化、改良、革新、升級、改版、新增價值的產品力

品牌廠商必須跟著時代及環境的變化、顧客需求變化，以及社會脈動，而不斷的追求創新、優化、改良、革新、升級、改版、改型、增加附加價值，讓顧客感受到我們有在追求不斷的進步，並為顧客不斷的設想及增加價值。如此，顧客就會發自內心，有高的回購率、回流率、回店率的展現。

（六）打造品牌力，值得信任、信賴，而且有好口碑

企業及品牌廠商長期努力的品牌目標，就是要打造出值得顧客信任、信賴的優良好品牌，而且擁有大眾的好口碑；如此，必也能鞏固住高的回購率。

（七）長期持續投放廣告播出，維持高的品牌廣告聲量及曝光率

廣告聲量及曝光率的持續保持及呈現仍是必要的，不要讓顧客以為我們的品牌怎麼消失的感覺。品牌消失感加深，自然就不會有持續的高回購率。

（八）搶進前3大品牌，成為業界3大領導品牌印象

企業要努力搶進該業界的前3大品牌，這種領導品牌地位形象感，也會影響到顧客的回購率。

（九）長期維繫好與主顧客群、主會員們的友好關係

企業必須像對待自己親人或好朋友般的對待主顧客群及會員們，這樣他／她們才不會轉向別的品牌、別的門市店，而持續對我們有高的回購率。

● 圖45-2　穩定、提升及鞏固顧客「高回購率」、「高回流率」的9種作法 ●

1.做出、提供真正好產品，顧客使用後，有很高滿意度（90%以上）	2.定價要令人感到高CP值、高性價比、親民的、高物超所值感	3.方便購買、24小時、全通路都可買得到
4.要配合賣場及電商業者，定期做促銷優惠，回饋顧客	5.保持不斷優化、改良、革新、改版、升級及增值的產品力。	6.打造品牌力，值得信任、信賴，而且有好口碑
7.長期持續投放廣告播出，維持高的品牌廣告聲量及曝光率	8.搶進前3大品牌，成為業界3大領導品牌印象	9.長期維繫好與主顧客群及會員們的友好關係

・必可提升及鞏固住顧客及會員們的「高回購率」及「高回流率」

MEMO

黃金法則46

運用多元價格策略：擴展更多不同族群市場，有效增加營收

運用多元價格策略：擴展更多不同族群市場，有效增加營收

一、何謂多元價格策略？

所謂多元價格策略，係指一家公司的產品線定價策略，擴及高價、中價、低價……等三種不同族群市場，希望能夠密集的、多角度的更加擴張整個產品市場的最高市占率。

圖46-1 多元價格策略的意涵

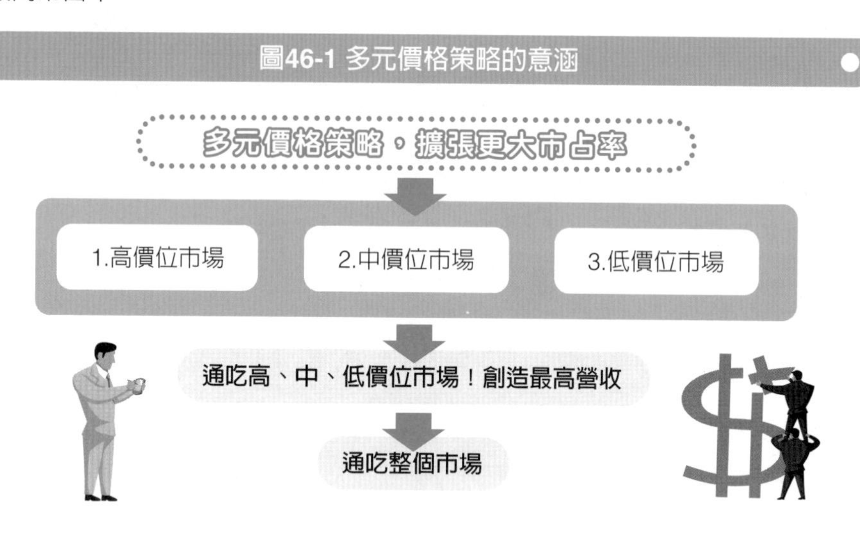

二、採取多元價格策略的成功實例企業

茲列舉下列國內成功採取「多元價格策略」的實例：

（一）和泰TOYOTA汽車

1. 高價車：LEXUS（150萬～300萬）。
2. 中價車：Camry、SUV休旅車（90萬～120萬）。
3. 低價車：Altis、Vios、Yaris（60萬～70萬）。

（二）王品餐飲集團

1. 高價位：王品、夏慕尼（1,200～1,500元）。
2. 中價位：西堤、陶板屋（550～600元）。
3. 低價位：石二鍋（330～350元）。

（三）饗賓餐飲集團

1. 高價位自助餐：饗饗、饗賓（1,200～2,000元）。
2. 中低價位自助餐：饗食天堂。

（四）萊雅美妝集團

1. 高價位：蘭蔻（3,000～6,000元）、理膚寶水。
2. 中價位：植村秀、碧兒泉、Kiehl's（1,500～3,000元）

（五）統一超商咖啡

1. 高價：CITY PRIMA（80～90元）
2. 低價：CITY CAFE（40～50元）

（六）台大、政大

1. 低價：大學部學費（一學期約25,000～30,000元）。
2. 高價：EMBA（企管碩士在職專班（二年100萬～150萬元）

（七）中華電信

1. 高價：5G全方案（月費1,000元以上）
2. 中價：4G（月費800元）
3. 低價：老人方案（月費288元）

（八）麥當勞

1. 高價：澳洲高級牛肉漢堡（130～200元）
2. 中價：80～100元
3. 低價：1＋1＝50元方案（一個麥香雞漢堡＋一杯紅茶）

（九）7-11／全家超商鮮食便當

1. 中高價：聯名便當／麵食（100元～110元）（與鼎太豐、台酒、君悅大飯店、晶華大飯店）。
2. 中價：一般便當、麵食、炒飯（70～90元）。

（十）日系優衣庫（Uniqlo）服飾

1. 低價位：優衣庫（Uniqlo）品牌
2. 更低價位：GU品牌

（十一）雄獅旅遊

1. 高價位：高端／頂級／長天數深度旅遊團（5萬～30萬元）
2. 中價位：一般旅遊團（4萬～6萬元）
3. 低價位：低端旅遊團（1萬～3萬）

（十二）進口豪華車（賓士）

1. 高價位：300萬～1,000萬元
2. 中價位：150萬～300萬元

（十三）SEIKO精工錶

1. 中價位：3萬～5萬元
2. 高價位：5萬～10萬元

（十四）威秀電影院

1. 中價：台北信義威秀（330～360元）。
2. 高價：遠東百貨AB館（500～600元）。

（十五）聯華麵粉公司

1. 高價：高筋優質麵粉
2. 中價：中筋次佳麵粉
3. 低價：低筋普通麵粉

（十六）捷安特自行車

1. 高價：5萬～15萬元
2. 中價：1.5萬～3萬元

（十七）10/10（ten over ten）進口歐洲保養品、香氛品

1. 中價位：500～1,000元
2. 低價位：200～400元

圖46-2　採取多元價格策略的19個成功實例企業

1.和泰TOYOTA汽車	2.王品餐飲集團	3.饗賓餐飲集團	4.萊雅美妝集團
5.統一超商咖啡	6.中華電信	7.麥當勞	8.台大、政大EMBA班
9.7-11／全家鮮食便當	10.優衣庫（Uniqlo）服飾	11.雄獅旅遊	12.進口豪華車賓士
13.SEIKO精工錶	14.威秀電影院	15.聯華麵粉公司	16.捷安特自行車
17.10/10進口歐洲保養品、香氛公司	18.錢櫃KTV	19.中華航空（華航／虎航）	

（十八）年代集團KTV事業

1. 高價：錢櫃KTV
2. 中價：好樂迪KTV

（十九）華航航空

1. 中高價：華航（中華航空）
2. 低價：台灣虎航（華航轉投資子公司）

三、多元價格策略的8大好處及優點

企業或品牌廠商採取多元價格策略，可具有下列8點好處及優點：

1. 可以滿足不同高、中、低所得能力的廣大族群市場。
2. 可以開拓原來沒有的新客群，增加新顧客。
3. 可以滿足不同需求的區隔市場。
4. 可以有效擴增更多的營收及獲利。
5. 可以達成企業追求不斷成長型的企業目標。
6. 可以分散單一價格策略的可能風險。
7. 可以更優化、更強化、更完整產品組合（Product Mix）的競爭優勢。
8. 可以更活絡組織士氣及人員晉升暢通。

圖46-3　多元價格策略的8大好處及優點

1.可以滿足不同高、中、低所得者的廣大族群市場	2.可以開拓原來沒有的新客群，增加新顧客	3.可以滿足不同需求的區隔市場	4.可以有效擴增更多的營收及獲利
5.可以達成企業追求不斷成長型的企業目標	6.可以分散單一價格策略的可能風險	7.可以更優化、更完整產品組合的競爭優勢	8.可以更活絡組織士氣及人員晉升暢通

．多元價格策略使企業能夠勝出、成功

MEMO

黃金法則 47

高CP值＋高CV值：兼具「打造最強市場競爭力」

高CP值＋高CV值：兼具「打造最強市場競爭力」

一、高CP值的意涵

所謂高CP值意思，如下公式：

$$\frac{\text{Perfomance}}{\text{Cost}} > 1$$

即指：我付出的產品購買價格，以及我所得到及感受到的成效之比例，如果大於1，就表示具有高CP值的意思。例如：

（一）吃一碗牛肉麵

付出120元，但感覺值200元，故：$\frac{200\text{元}}{120\text{元}} > 1$，即具高CP值的此店牛肉麵。

（二）買一件優衣庫（Uniqlo）羽絨衣

付出1,000元，但感到有2,000元好衣服的價值感，故：$\frac{2{,}000\text{元}}{1{,}000\text{元}}$ 元 > 1，優衣庫（Uniqlo）的服飾具高CP值感。

（三）買一台禾聯液晶電視機

付出15,000元，但感到有30,000元的價值感，故：$\frac{30{,}000}{15{,}000} > 1$，禾聯電視機，具高CP值感。

總之，消費者的高CP值感受，是對此產品、此服務，具有：

1. 物超所值感受的。
2. 價格是很親民的、很庶民的。
3. 很值得買的、買得起的、用完會再想買的。
4. 價格平價，而且品質、設計都很不錯的。

圖47-1　消費者具高CP值的4種感受涵義

1.有物超所值感受	＋	2.價格很親民	＋	3.是很值得買的、買得起的、用完會再想買	＋	4.價格雖平價，但品質及設計都還不錯

二、高CV值的意涵及成功實例

高CV值的公式，如下：

$$\frac{Value}{Cost} > 1$$

即產品擁有高出成本更多的附加價值（value），包括：物質面實際的價值感受，及心裡面名牌的價值感受，兩者合計形成的價值。下面，都是高CV值的成功實例：

1. LV包包。
2. HERMÈS 包包。
3. 雙B（賓士、BMW）進口豪華車。
4. 台積電先進製程晶片（5奈米、3奈米、2奈米）。
5. Sony液晶電視機。
6. iPhone手機。
7. 星巴克咖啡館。
8. 台北101精品百貨公司。
9. 君悅／晶華／寒舍艾美五星級大飯店。
10. 哈根達斯冰淇淋。
11. Dyson吸塵器／吹風機／空氣清淨機。
12. 席夢絲床墊。
13. GODIVA巧克力。
14. PP錶（百達翡麗錶）。
15. Cartier鑽錶。
16. ROLEX（勞力士）手錶。
17. 瑪莎拉蒂進口豪華車。
18. 海絲騰進口高級床舖。
19. 大立光手機鏡頭。

三、高CP值＋高CV值兩者兼具的四點好處

當然，像前述做到歐洲百年名牌精品、名牌豪華車、名牌手錶、名牌服飾、名牌包包的全球知名品牌極高CV值的經營及行銷，我們台灣的國內本土品牌當

然不易做到，雖然，我們沒有「奢華級的高CV值」，但要做到「一般級的高CV值」也是應該可以的。若是再能加上高CP值兼具，那就更好了。「高CP值」＋「高CV值」兩者兼具的4點好處，如下圖示：

圖47-2　高CP值＋高CV值兩者兼具4點好處

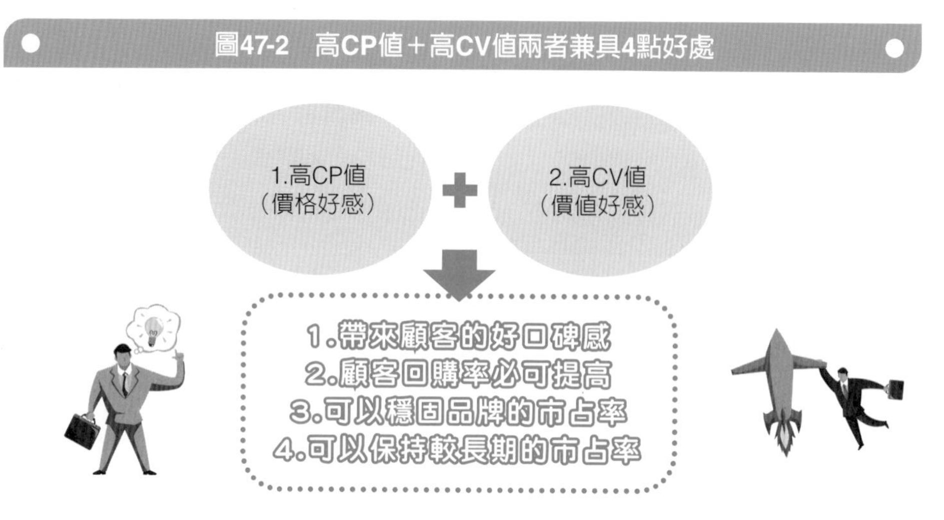

四、兼具高CP值＋高CV值的成功實例

茲列舉作者我個人過去幾十年的消費經驗，提出下列品牌或企業兼具高CP值＋高CV值的實例：

1. 禾聯電視機：耐用17年，依然沒壞掉，真正是有平價＋高品質。

2. TOYOTA汽車：我買TOYOTA Camry汽車，開了17年上、下班，很少壞掉，真正是屬於中價位＋高品質。

3. 好來（黑人）牙膏：一條好來牙膏70元，每月用一條，用了50多年沒換品牌，真不容易，是該品牌忠實使用者。

4. Panasonic吹風機／電冰箱：一支3,000元平價吹風機，用了十年沒壞掉，電冰箱用了五年沒壞掉。是高CP值＋高CV值的好品牌。

5. 中華電信：我用長者方案，每月288元低的電信費，電信話質不錯，門市店專業服務水準不錯。是高CP值及高CV值代表。

6. 統一陽光無糖豆漿：一瓶20元，平價且適合避免血糖高者飲用。

7. 統一超商CITY CAFE ：一杯平價45元，品質及口味還可，不輸星巴克咖啡太多；已喝十年之久。

8. 八方雲集鍋貼、水餃：每顆鍋貼6元，一次買12顆，計72元，就可解決一餐了，真是高CP值＋高CV值，偶而會吃。

9. 欣葉／饗食天堂吃到飽自助餐廳：平日約700～800元，比起五星級大飯店的1,900元，要便宜很多，但菜色差距不大，偶而去吃，兼具高CP值＋高CV值。

MEMO

黃金法則 48

小品牌：9大行銷致勝與突圍策略

小品牌：9大行銷致勝與突圍策略

一、小品牌的弱勢點

任何時候，在行銷市場上，都有不少小品牌冒出來，不管是國內或國外的小品牌，它們都有幾點相似的弱勢點，如下：

1. 資金能力不夠強，深口袋不夠深。
2. 品牌力不足，缺乏足夠的品牌知名度及印象度。
3. 主流實體通路上架不易、好的陳列位置也不易。
4. 廣告宣傳因資金不足，也做得很少。
5. 因顧客認識少，故市場銷售量不足，仍處在虧損狀況。

圖48-1　小品牌的5個弱勢點

1.資金力不足，深口袋不夠深

2.品牌力不足，缺乏品牌知名度

3.主流實體通路上架不易

4.廣告宣傳不足，做得很少

5.市場銷售量不足；仍處虧損狀況

二、小品牌：9大行銷致勝策略組合

市場上，小品牌要翻身、要提早轉虧為盈，必須完整的思考下列全方位行銷致勝的策略組合：

（一）切入市場缺口策略

小品牌必須誠實面對主流大市場存在非常多的、歷史悠久的大品牌，太競爭了，不容易在大市場中突圍致勝；因此，必須切入大市場中的小缺口，如此才有勝算。過去，這種切入市場小缺口而成功的品牌實例也不少：

1.舒酸定牙膏：成功切入過敏性10%牙膏市場的缺口。

2.亞尼克：成功切入10%的蛋糕捲缺口市場。

3.Dyson吸塵器／吹風機：成功切入10%極高價、國外來的無線吸塵器／吹風機頂級小家電市場缺口。

4.禾聯本土電視機：成功切入中低價位的、本土的10%液晶電視機市場，避過國外三星、Sony、LG、Panasonic知名強大品牌的競爭。

5.TOYOTA輕型商用車：和泰TOYOTA汽車原先以一般轎車為主力，今年成功切入輕型商用車市場，即得到40%高市占率。

6.娘家品牌的中老年人保健品：民視電視台運用大量自家產出的電視廣告轟炸力，成功切入中老年人的10%保健品市場，成為此市場第一品牌。

7.八方雲集：成功切入10%餐飲的鍋貼連鎖店經營，而且還上櫃成功。

8.統一超商現煮咖啡：15年前，只有星巴克咖啡館。統一超商7-11成功切入快速、便利、24小時，帶走型的CITY CAFE，至今每年銷售3億杯，創造120億營收額，誰想得到。

9.萬歲牌腰果：聯華食品第一個成功切入10%食品市場中的腰果市場，成為第一品牌。

10.丹尼船長爆米花：小品牌「丹尼船長」成功切入5%爆米花的零食市場。

圖48-2　小品牌成功切入市場缺口策略

1.舒酸定過敏性牙膏市場	2.亞尼克蛋糕捲市場	3.Dyson頂級吸塵器、吹風機市場	4.禾聯本土牌液晶電視機	5.TOYOTA輕型商用車
6.娘家中老年人保健品	7.八方雲集平價鍋貼、水餃	8.統一超商CITY CAFE現煮咖啡	9.萬歲牌腰果	10.丹尼船長爆米花

（二）通路策略

小品牌的通路發展有兩個弱勢：一是實體、大型通路上架成本很高，包括：上架費、抽成費、行銷贊助費、物流費、DM促銷贊助費……等，名目很多。二是主流大型連鎖通路也不是很容易就可進去的，沒有一點知名度或不投放大量電視廣告費，是不易進去上架的。

圖48-3　小品牌實體通路發展2個弱勢點

1.實體、大型通路上架成本很高（上架費、行銷贊助費、物流費、DM促銷贊助費等等）

2.沒有品牌知名度及沒有投放大量電視廣告費，是不易進入上架的

• 小品牌面對實體通路的困境，相當頭痛

所以，小品牌的通路發展策略，就採取「先電商、後實體」的策略，也就是先採用電商網購通路銷售，有了一些網路知名度，以及業績逐步上升之後，然後再去找主流大型零售通路談上架事宜。至於，如何採取電商通路，主要朝兩大方向努力：一是，花一點錢，建立自己的線上官方商城，自己通路自己賣。二是洽商進入主流線上大型電商平台上賣，包括：momo、PCHome、蝦皮商城、雅虎、東森購物網、博客來、寶雅線上、台灣樂天……等前幾名電商平台。不要小看大型電商平台，也會賣出不小業績；例如：「丹尼船長爆米花」小品牌，一年在電商平台賣的量，達2億元之多，很成功的案例。

圖48-4　小品牌的「通路上架」發展策略－先電商，後實體

（三）產品策略

在產品力策略上，小品牌仍必須展現一些獨有特色或差異化，不能完全沒有特色，否則，就將淪為低價格的紅海競爭，利潤很微薄。

所以，小品牌、新進品牌、代理品牌……等，都必須思考及做出具特色產品或具差異化產品，才可以和市場上既有大品牌、老品牌相競爭。這些特色或差異

化，可能可以表現在產品的：品質上、原料上、製法上、設計上、色系上、配方上、功效驗證上、包裝上、外觀上、技術上、耐用上、壽命上、省電上、方便使用上、售後保證上……等。

圖48-5　小品牌必須展現產品特色及差異化的方向

1.品質上	2.原料上	3.製法、工法上
4.設計上	5.色系上	6.配方上
7.功效驗證上	8.包裝上	9.外觀上
10.技術上	11.耐用上	12.壽命上
13.省電上	14.方便使用上	15.售後保證上

小品牌展現特色化、差異化，才能突圍

（四）定價策略

在定價策略上，小品牌很難採取高價策略，尤其是一般消費品、日用品、食品、飲料……等沒有高科技、技術性產品，更不易採高價策略；而是採取比市場既有領導品牌低10%～20%左右的售價，才比較能夠賣得動，價格較低些，獲利率也會少些，但這也沒辦法，小品牌必須暫時忍耐，犧牲一些利潤，採取「薄利多銷」策略，先進入市場，站穩之後，再調整價格策略。

圖48-6　小品牌的定價策略－低市場領導品牌售價10%～20%

· 低市場領導品牌售價10%～20%
· 犧牲一點利潤
· 暫時要忍耐
· 先進入市場再說

（五）品牌打造策略

小品牌必須有計劃性的從各種面向，逐年（3年～5年）逐步的慢慢打響出品牌的一定知名度及印象，為進入主流實體通路做好準備工作。小品牌須知：

小品牌 → 小銷售量。

中品牌 → 中銷售量。

大品牌 → 大銷售量。

所以，小品牌必須努力打造出基本的品牌力出來。

圖48-7　努力打造出品牌力

切記：有品牌＝有銷售

（六）口碑行銷策略

小品牌沒有大量行銷廣告投放能力，所以，要朝向「口碑行銷」努力；以我們的特色產品，塑造出市場上及消費者的好口碑出來，包括：

1. 人際間、親朋好友間、使用者間的人際好口碑。
2. 社群平台：Dcard、PTT、臉書、IG、YT、LINE，以及官方粉絲團上。

圖48-8　小品牌運用口碑行銷的成本最低

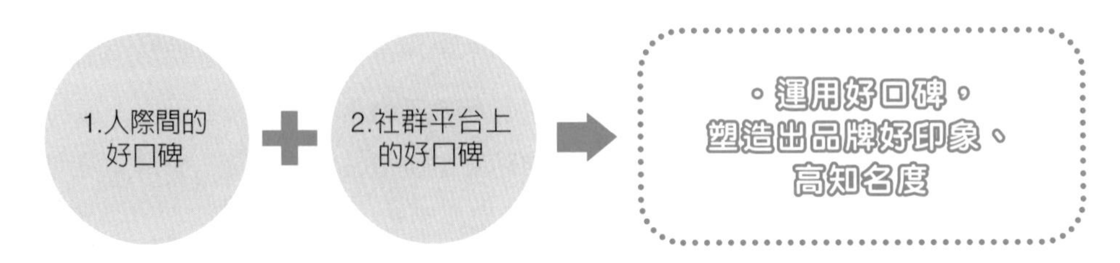

（七）KOL/KOC行銷策略

目前，運用KOL/KOC行銷，已成為顯學，而且成本也不高，貼文稿費不高，可用拆帳（分潤）模式，增加他／她們粉絲訂購商品的業績收入。現在，運用KOL/KOC做「團購文」及「直播導購」的操作方式已日益普遍，帶動業績效果也不錯，成本也不高，值得小品牌大量運用，由專人小組負責運作。

圖48-9　小品牌運用KOL/KOC行銷，成本低且成效高

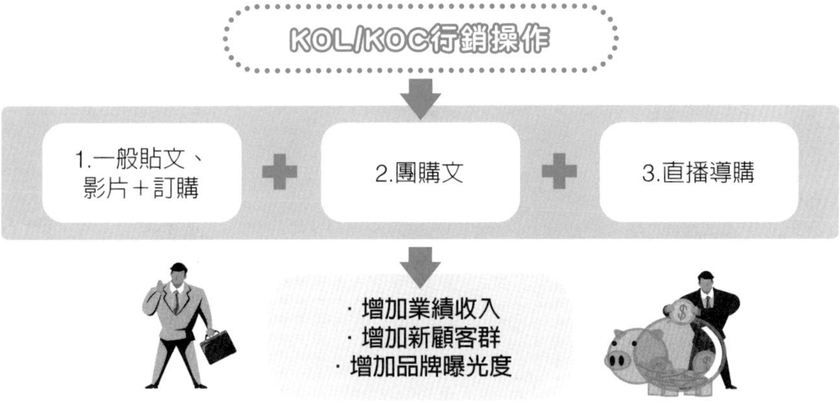

KOL/KOC行銷操作

1.一般貼文、影片＋訂購 ＋ 2.團購文 ＋ 3.直播導購

· 增加業績收入
· 增加新顧客群
· 增加品牌曝光度

（八）媒體報導策略

小品牌可以多方運用各種媒體報導曝光方式，將公司及品牌逐步展現在媒體上。包括：財經雜誌（《商業周刊》、《今周刊》、《天下》、《遠見》）、財經新聞台（非凡、東森財經）、財經報紙（《經濟日報》、《工商時報》）、廣播電台，以及網路新聞（ETtoday、聯合新聞網、中時新聞網、TVBS新聞網……等）。

圖48-10　小品牌媒體報導曝光策略

1.財經雜誌
2.財經新聞台（非凡、東森財經）
3.財經報紙
4.廣播電台（中廣、飛碟）
5.網路新聞（ETtoday、聯合新聞網、中時新聞網）

（九）廣告宣傳策略

小品牌因資金力不足，暫時無力做高成本的電視廣告，至於報紙、雜誌、廣播的廣告效益也很低，也不值得做。至於網路廣告、LINE廣告、戶外廣告（公車＋捷運＋大型看板），則可以適度、小量做一些。而一線藝人品牌代言的費用也要好幾百萬元，也可暫時不做。

圖48-11　小品牌行銷致勝的全方位9大策略

1.切入市場缺口策略

2.通路策略（先電商，後實體）

3.產品策略（具特色、具差異化，才能突圍）

4.定價策略（低於領導品牌10%～20%）

5.品牌策略（訂定3年～5年打造品牌力計劃及目標）

6.口碑行銷策略（人際間好口碑、社群平台上好口碑）

7.KOL/KOC行銷策略（促銷貼文、團購貼文、直播導購）

8.媒體報導策略（財經雜誌、財經報紙、財經新聞台、網路新聞專訪）

9.廣告宣傳策略（電視廣告成本高，暫時不上）

↓

- 讓小品牌能夠突圍成功
- 逐漸成為中型品牌

黃金法則 49

大品牌：「大者恆大」的競爭優勢

大品牌：「大者恆大」的競爭優勢

一、國內大品牌「大者恆大」的成功實例

茲列舉每年投放1億～5億元做電視廣告播放費用的成功知名大品牌：

圖49-1　大品牌

1. 和泰汽車（TOYOTA）	2. 麥當勞	3. Panasonic家電	4. 日立家電
5. P&G（寶僑台灣）	6. Unilever（台灣聯合利華）	7. 台灣花王	8. 全聯超市
9. 統一企業	10.統一超商	11.普拿疼	12.好來（黑人）牙膏
13.桂格	14.愛之味	15.三得利	16.娘家
17.善存	18.味全	19.PP錶（百達翡麗錶）	20.五洲製藥／生醫
21.屈臣氏	22.大金冷氣	23.三星（韓國）	24.LG（韓國）
25.光陽機車	26.三陽機車	27.白蘭氏	28.耐斯
29.朵茉麗蔻	30.信義房屋	31.永慶房屋	32.聯華食品
	33.台塑生醫	34.桂冠	

二、大品牌「大者恆大」的8項競爭優勢

大品牌、大企業長年在市場上，具有下列8項很好的競爭優勢：

圖49-2　大品牌「大者恆大」的8項競爭優勢

1.能較長期的鞏固住較大市占率	2.能較有資金能力投入大量廣告宣傳支出	3.能有較佳的完整產品組合能力	4.能有成本上及營運上的綜效產生
5.能有能力持續推出新產品及新品牌	6.能較長期的穩固住主顧客群	7.主顧客群對大品牌的忠誠度較高	8.能創造出較高的營收及獲利

三、確保大品牌在市場上持續領導地位的9大策略與努力

大品牌市場領導地位及其行銷成功，也不是永遠的；它們必須持續用心、努力，才能保住它們的成果；綜合觀之，大品牌要確保市場上的領先及領導地位，必須努力實踐貫徹下列9大策略才行：

1. 打造更優質產品力：要持續打造更優質、更創新、更升級、更有市場需求性的產品力。

2. 優化產品組合戰鬥力：要持續優化、強化它的產品組合戰鬥力，打造出更多強大明星產品。

3. 快速應變：要持續注視市場、環境、顧客及競爭對手的變化，以及如何快速應變，有好的應變對策。

4. 做好高CP值、高CV值：要持續做好顧客有高CP值、高EP值（體驗值）、高CV值（價值）的強大好感受。

5. 持續投放廣告宣傳：要持續投放大量且必要的媒體廣告，以長期鞏固住好的品牌力及品牌資產價值。

6. 做好公益：要持續做好公益活動，塑造企業及品牌的優良形象及好企業的感受。

7. 保持與通路商友好關係：要持續保持與主流實體零售通路的良好關係，爭取好的陳列空間及位置。

8. 定期促銷回饋：要持續定期用促銷優惠，回饋這些長期以來的忠實主顧客群們。

9. 鞏固高回購率：要持續鞏固住這些主顧客群對我們品牌的高回購率及高回流率。

圖49-3 確保大品牌在市場上持續領導地位的9大策略與努力

1.要持續打造出更優質、更有市場需求的最佳產品力

2.要持續優化、強化產品組合及明星產品

3.要隨時、快速應對市場、環境、競爭對手、顧客的變化及轉變

4.做好高CP值、高CV值、高EP值的好感受

5.持續投放大量且必要的廣告宣傳支出，以鞏固住品牌力

6.保持與大型實體通路的良好關係，爭取好的陳列條件

7.要持續做好公益活動，塑造好企業、好品牌形象

8.定期做好促銷活動，回饋主顧客群

9.鞏固住主顧客群，穩住高回購率

持續保住市場上領先、領導的品牌地位

黃金法則50

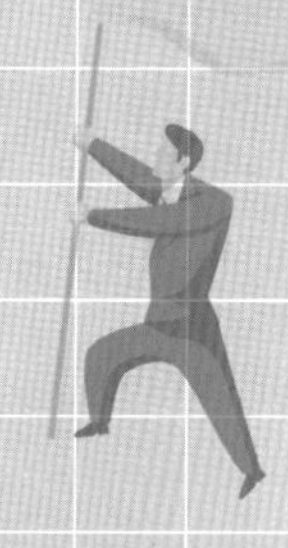

品牌百年長青之道：保持品牌永遠年輕化

品牌百年長青之道：保持品牌永遠年輕化

一、國內30年以上的成功長青品牌

茲列舉國內具30年以上成功且永保年輕的品牌：

圖50-1 永保年輕的品牌

1. 統一泡麵	2. Panasonic家電	3. Sony家電	4. TOYOTA汽車	5. 雙B豪華車
6. 歐洲名牌精品：LV、GUCCI、HERMÈS、CHANEL、DIOR、PP錶、ROLEX錶	7. 桂格	8. 桂冠	9. 味全	10.聯華食品
11.可口可樂	12.舒潔	13.大同電鍋	14.櫻花	15.白蘭洗衣精
16.P&G（寶僑）	17.Unilever（聯合利華）	18.台灣花王	19.普拿疼	20.麥當勞
21.乖乖零食	22.愛之味	23.葡萄王	24.統一超商	25.光陽／三陽機車

二、如何長期保持品牌年輕化的10個方向

企業或品牌廠商可從下列10個方向，努力保持品牌年輕化、活力化：

（一）配方、口味的改良、革新

品牌必須在產品的配方上、口味上，做不斷的改良、革新、加值、升級……等措施，永保品牌的新鮮感及跟得上時代變化。例如：泡麵的口味、洗髮精的配方、洗衣精的配方、餐廳的菜色、老年保健品的配方等均屬之。

(二) 包裝的改良、革新

品牌的內、外包裝，也必須與時俱進，不斷改良、革新、具年輕感。

(三) 設計的改良、革新

有關產品的設計、款式、版型、車型……等，要不斷革新及創新，永遠能吸引注目及驚豔。例如：豪華車／一般轎車，每2～3年就要推出一款新命名的新款汽車，保持市場銷售量；Apple的iPhone 1～iPhone 15，也是每年推出一款更新設計與色彩的新款手機，以吸引果粉。

(四) 功能、功效的改良、革新

有關產品在功能、性能、功效上，也要不斷加強、提升及創新。例如：老人保健產品、3C產品、家電產品、汽車產品、機車產品、手機產品，都必須強調這方面的技術創新及功效／功能提升，才能永保品牌活化及年輕化。

(五) 推出全新產品上市

品牌廠商也須定期推出全新系列的新產品或新品牌，以取代、淘汰掉老舊產品、老舊品牌。例如：餐飲品牌經常推出新菜色；超商也經常推出鮮食新便當產品；服飾業、食品業、飲料業、手搖飲業……等，也經常推出全新產品上市，以保持該品牌的活化及年輕化。

(六) 門市店、賣場、專賣店的改裝與升級

很多服務業、零售業，在門市店、賣場、專賣店、專櫃……等，也會定期加以改裝、升級、改型，才能顯示它們店的年輕化，而不是老舊的店。例如：便利商店業、百貨公司業、名牌精品業、餐飲業、汽車經銷業、五星級大飯店業、超市業等，都經常做這方面的改裝、改型、升級，以保持店的活化及年輕化。

(七) 電視廣告片製作及創意保持年輕化

品牌廠商在每年度的電視廣告片（TVCF）企劃、製作及用語、訴求上，都應該保持創新化、新鮮化、年輕化的視覺感受，才能使品牌形象展現，永保年輕感。

(八) 廣告投放媒體的年輕化

現在，年輕上班族群有他／她們接觸的新媒體、網路媒體、社群媒體……等，因此，廣告投放媒體的選擇及調整，也是必須的；才能使品牌觸及到更多年

輕族群，使成為年輕人愛買、愛用的品牌。

（九）尋找新生代藝人代言人

大品牌經常會找一線藝人做電視廣告的品牌代言人，但隨著時代演進，品牌不能再找已經五、六十歲的中老年藝人，除非是保健產品，否則應該找三、四十歲的年輕一線藝人做品牌代言人才對。

（十）多運用KOL/KOC網紅行銷

現在的網紅或YouTuber大多介於25歲～39歲之間，比較年輕。因此，其粉絲群也較年輕，因此，多運用KOL/KOC做貼文、做短影音、做團購、做直播導購，也可以展現出品牌的活化及年輕化。

圖50-2　長期保持品牌年輕化10個方向

1.在配方、口味的不斷改良、革新	2.在包裝上，定期改良、革新	3.在設計、款式、車型、版型上的持續改良及革新
4.在功能、功效、效果上的不斷升級、革新、加強	5.推出全新產品上市	6.門市店、賣場、專賣店的改裝及升級
7.電視廣告片的創意及製作，要保持年輕化	8.廣告投放媒體的選擇，要注意年輕化	9.尋找新生代一線藝人，做品牌代言人
	10.多運用網紅	

長期的、永續的保持品牌百年長青不墜

黃金法則 51

廣告投放致勝策略：廣告投放的「媒體組合」策略

廣告投放致勝策略：廣告投放的「媒體組合」策略

一、「媒體組合」的意涵（Media Mix）

係指品牌廠商為使廣告曝光率觸及人數最大，以及帶來最有廣告效果，故對廣告媒體的選擇，要以組合形式加以呈現，而非單一媒體，而是組合式、多元化的媒體呈現。

圖51-1　「媒體組合」的意涵

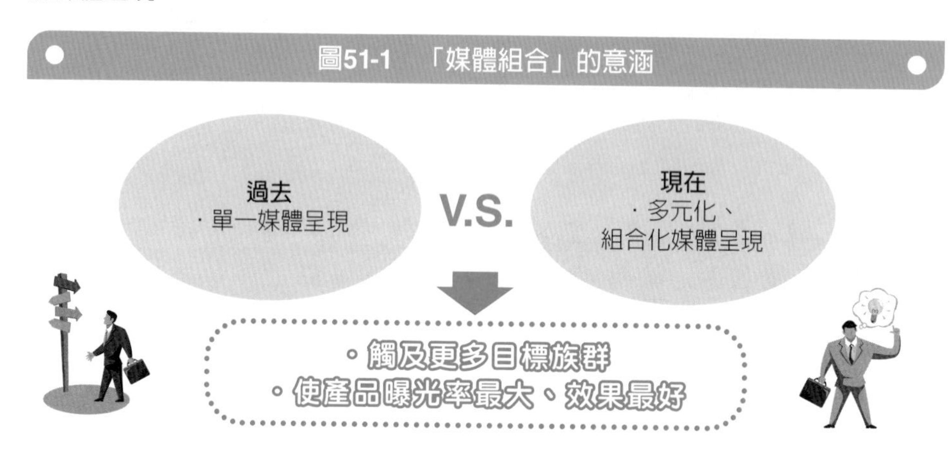

二、國內六大媒體廣告投放量占比

茲以下表，呈現出國內六大媒體廣告投放量的年度金額及占比：

項次	廣告媒體	金額	占比
1.	電視廣告	200億	39.5%
2.	網路及行動數位廣告量	200億	39.5%
3.	戶外廣告	30億	6%
4.	報紙廣告	20億	4%
5.	雜誌廣告	15億	3%
6.	廣播廣告	40億	8%
合計		505億	100%

依據2023年6月28日發布的年度「2022台灣數位廣告量統計數字」，整體市場規模已達589.59億元。

三、六大媒體的觸及對象分析

六大媒體的觸及對象，主要如下：

（一）電視媒體

以中年人、老年人居多，45歲～75歲居多，男性／女性都有。較適合且常見在電視廣告出現的產品類型為：汽車、機車、保健食品、營養補給品、藥品、洋酒、按摩椅、房屋仲介、政府廣告、金融銀行、速食、家電、及日常消費品……等。

（二）網路＋行動媒體

以年輕人、學生族群居多，16歲～39歲居多，男女性各半，較適合年輕人消費的產品類型。例如：手遊、電腦、手機、餐飲、旅遊、美食、運動、3C、彩妝、保養品、日常生活消費品、醫美品……等。

（三）戶外媒體

以上班族群、年輕／壯年族群為觸及主力，適合25歲～50歲的上班族群產品類型。

（四）報紙媒體

以年齡偏老，50歲～80歲族群、男性居多，近十年來，報紙發行量、閱讀率、廣告量均下滑甚多，被轉移瓜分到網路廣告去了。

（五）雜誌媒體

以財經雜誌為主要，觸及目標以公司中高階幹部、老闆，40歲～65歲，男性為主。

（六）廣播媒體

以計程車司機、中年／壯年、開車上班族、退休老人、男性為主要觸及目標。

四、媒體組合」分配策略實例

茲列舉幾個企業品牌廣告投放的媒體組合分配實例：

（一）味全林鳳營鮮奶品牌

1. 一年4,400萬廣告量。
2. 組合分配：

(1) 電視廣告：2,800萬（占65%）

(2) 網路廣告：1,600萬（占35%）

合計：4,400萬

（二）麥當勞速食品牌

1. 一年3億元廣告量。

2. 組合分配：

(1) 電視廣告：1.8億（占60%）

(2) 網路廣告：9,000萬（占30%）

(3) 戶外廣告：1,500萬（占5%）

(4) 廣播廣告：900萬（占3%）

(5) 報紙／雜誌：600萬（占2%）

合計：3億元

（三）Panasonic家電品牌

1. 一年4億元廣告量。

2. 組合分配：

(1) 電視：2.8億（占70%）

(2) 網路：8,000萬（占20%）

(3) 戶外：800萬（占2%）

(4) 報紙：800萬（占2%）

(5) 雜誌：800萬（占2%）

(6) 廣播：800萬（占2%）

合計：4億元

（四）和泰（TOYOTA）汽車品牌

1. 一年5億元廣告量。

2. 組合分配：

(1) 電視廣告：3.5億（占70%）

(2) 網路廣告：1億（占20%）

(3) 戶外廣告：1,000萬（占2%）

(4) 報紙：1,000萬（占2%）

(5) 雜誌：1,000萬（占2%）

(6) 廣播：1,000萬（占2%）

合計：5億元

五、電視媒體廣告量占比分析

茲進一步分析這一年200億電視廣告量，究竟跑到哪裡？大致如下：

（一）從頻道類型看電視廣告流向

1. 新聞台：占40%（80億元）

2. 綜合台／戲劇台：占40%（80億元）

3. 電影台：占10%（20億元）

4. 體育台、新知台、日本台、兒童台：占10%（20億元）

主要以新聞台及綜合台占廣告量最多，達到80%之高。

圖51-2 頻道類型的廣告量占比

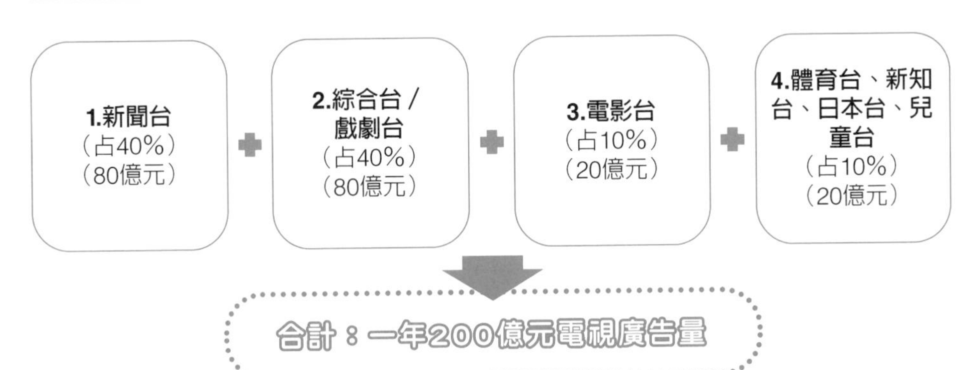

（二）從電視公司看電視廣告流向

從電視公司看每年200億元電視廣告量流向，如下表：

〈有線電視台〉

排名	電視台	廣告量
1.	三立	35億
2.	東森	33億
3.	TVBS	25億
4.	民視	17億
5.	緯來	13億
6.	年代	10億
7.	八大	7億
8.	非凡	5億
9.	中天	5億
10.	媒體棧	5億

〈無線電視台〉

排名	電視台	廣告量
1.	台視	7億
2.	中視	5億
3.	華視	5億

六、網路廣告量流向及占比分析

一年200億元的網路廣告量，其流向及占比，如下：

（一）最大流向

占70%	一年140億元	主要流向： (1) FB（臉書廣告） (2) IG廣告 (3) YT（YouTube廣告） (4) Google（關鍵字及聯播網廣告） (5) LINE（手機廣告）

（二）次要流向

占20%	一年40億元	主要流向： (1) 網路新聞（ETtoday、聯合新聞網、中時新聞網……等） (2) 雅虎奇摩 (3) Dcard

（三）其他流向

占10%	一年20億元	主要流向： (1) 財經網站 (2) 親子網站 (3) 遊戲網站 (4) 3C網站 (5) 時尚網站 (6) 彩妝美容網站 (7) 健康網站

七、雜誌廣告量分配及占比分析

雜誌廣告量，近10年來，也大幅衰退、下滑，大約只剩下15億元年廣告量。主力雜誌的廣告量占比，如下表：

類型	廣告量	占比
1. 財經雜誌（《商業周刊》、《今週刊》、《天下》）	9億	60%
2. 時尚／彩妝／女性雜誌（《VOGUE》、《ELLE》、《Bella儂儂》……等）	6億	40%
合計	15億	100%

八、廣播廣告量分配及占比分析

廣播廣告量也跟報紙及雜誌廣告量一樣衰退、下滑甚多，目前僅剩10億元廣告量，如下表：

電台	廣告量	占比
1. 中廣	5億	50%
2. 其他（飛碟、台北之音、POP Radio……等）	5億	50%
合計	10億	100%

九、戶外廣告量分配及占比分析

戶外廣告量近十年表現持平、穩住，並無衰退、下滑，其分配及占比，如下表：

類型	廣告量	占比
1. 公車廣告（全台）	12億	30%
2. 捷運廣告（全台）	12億	30%
3. 大型戶外看板（全台）	12億	30%
4. 其他（高鐵、台鐵、機場、高速公路、客運……等）	4億	10%
合計	40億	100%

十、報紙廣告量分配及占比分析

報紙廣告量近十多年，衰退及下滑最多，從30年前最高峰的120億元，一路下滑到現在僅剩20億元而已。其分配及占比，如下表：

報社	廣告量	占比
1. 《聯合報》	4億	20%
2. 《中國時報》	4億	20%
3. 《自由時報》	4億	20%
4. 《經濟日報》	4億	20%
5. 《工商時報》	4億	20%
合計	20億	100%

十一、品牌廠商每年廣告預算：占年營收的0.5%～6%之間

根據企業界人士表示，目前各大品牌的年度廣告預算，約占年營收額的0.5%～6%之間；如下實例：

（一）大型品牌：占0.5%～2%年營收

1. 和泰汽車：1,000億營收×0.5%＝5億元
2. 全聯超市：1,600億營收×0.3%＝4.8億元
3. Panasonic：250億營收×2%＝5億元
4. 麥當勞：150億元營收×2%＝3億元
5. 統一超商：1,600億營收×0.2%＝3.2億元

（二）中型品牌：占2%～6%年營收

1. 愛之味純濃燕麥：10億營收×6%＝6,000萬元
2. 林鳳營鮮奶：30億營收×2%＝6,000萬元
3. 茶裏王：15億營收×2%＝3,000萬元
4. 桂冠：30億營收×2%＝6,000萬元
5. 娘家：10億營收×6%＝6,000萬元

十二、國內大型專業媒體代理商

國內目前媒體採購承攬額比較大型的媒體代理商公司有如下：

1. 貝立德
2. 凱絡
3. 媒體庫
4. 傳立
5. 浩騰
6. 奇宏
7. 實力
8. 星傳
9. 宏將
10. 其他

十三、媒體代理商的收入來源

實務上，媒體代理商的收入來源，主要有兩大項目，如下：

一是電視廣告發稿額的20%～30%退佣收入。假設：

貝立德發稿某品牌廠商的1,000萬元，給TVBS電視台，那麼TVBS電視就必須退佣20%，即200萬元回去給貝立德媒體代理商。

二是數位（網路）廣告發稿額，必須向品牌廠商收取6%～8%的專業服務費收入。

圖51-3　大型媒體代理商的主力收入兩大來源

1.退佣收入
· 電視台對電視廣告播放金額的退佣，約為其20%～30%

1.服務費收入
· 對數位（網路）廣告規劃及投放金額，收取6%～8%的專業服務費收入

十四、每年底檢討一次廣告投放效益分析報告會議

大品牌廠商大概每年底12月時，都會召集行銷企劃部，提報每年底的「廣告投放效益分析檢討會議」。此會議的檢討方面，主要有5個方向：

圖51-4　每年底「廣告投放檢討會議」，檢討5大方向

1.檢討各媒體廣告投放的投資效益（ROI）檢討

2.對各媒體組合項目及占比的調整及強化建議

3.對電視廣告片（TVCF）企劃、創意及製作的檢討及調整建議

4.對媒體代理商表現的檢討及調整建議

5.對下年度廣告總預算的檢討及調整建議

· 讓下年度的廣告預算支用的效益更高，更能達成目標

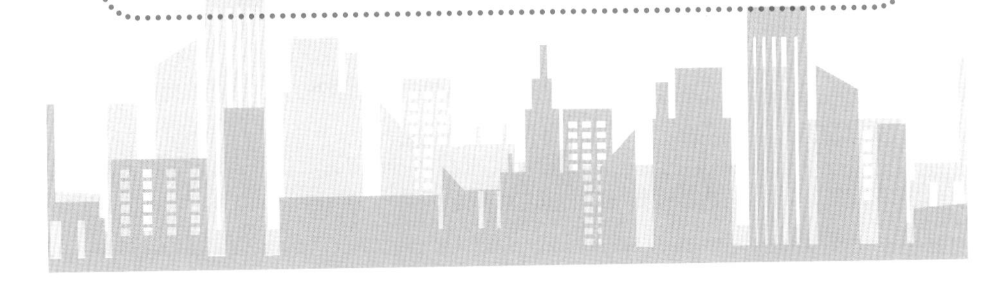

MEMO

黃金法則 52

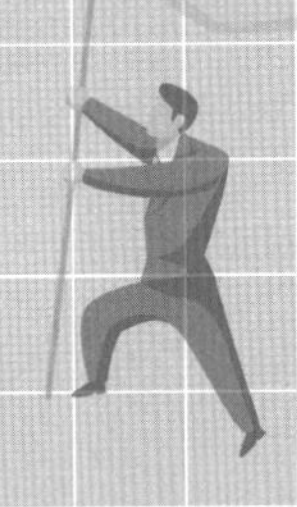

品牌slogan：彰顯品牌精神

品牌slogan：彰顯品牌精神

一、品牌slogan成功實例

很多品牌都喊出它們的slogan，藉以彰顯品牌的定位及精神，以強化它們的品牌，在消費者心中擁有好的印象及好感度。所以，在品牌元素規劃時，千萬不要忘了品牌slogan（廣告金句、訴求宣傳語、傳播金句、廣告標語）。茲列舉下列四十多個，大家幾十年來，耳熟能詳的各個品牌的slogan，如下圖示：

圖52-1　品牌slogan的成功實例

1.永慶房屋 ・先誠實，再成交	**2.momo** ・生活大小事，都是momo的事	**3.7-11** ・有7-11真好
4.LEXUS ・Experience Amazing ・專注完美，近乎苛求	**5.富邦金控** ・正向力量，成就可能	**6.中信銀** ・We are family
7.ASUS ・華碩品質，堅若磐石	**8.LG** ・Life is good!	**9.桂冠** ・誠實、認真、負責
10.全聯 ・方便、省錢、實在、真便宜	**11.Panasonic** ・A better life A better world ・帶來美好的生活	**12.中華電信** ・永遠走在最前面
13.東森電視購物 ・東森嚴選	**14.信義房屋** ・信義，帶來新幸福	**15.全國電子** ・足感心
16.遠傳電信 ・只有遠傳，沒有距離	**17. Costco（好市多）** ・平價／選品／價值	**18.燦坤3C** ・技術／服務／會員
19.Nike ・Just do it	**20.民視** ・台灣的眼睛	**21.三立** ・咱台灣人的電視台
22.家樂福 ・每天都便宜	**23.好來（黑人）牙膏** ・亮白牙膏第一品牌。	**24.SK-II** ・你可以再靠近一點
25. CITY CAFE ・整個城市，都是我的咖啡館 ・在城市，探索城事	**26. Let's Café** ・職人精神好咖啡	**27.高鐵** ・安全／快速／方便

28.台北101 ・精品百貨的領航者	29.多喝水礦泉水 ・多喝水沒事，沒事多喝水	30.象印電子鍋 ・煮出最美味的米飯
31.萬家香 ・一家烤肉，萬家香	32.中信銀慈善基金會 ・點燃生命之火	33.愛迪達 ・Nothing is impossible（沒有什麼是不可能的）
34.BenQ ・科技始終來自於人性	35.UPS ・使命必達	36.三陽迪爵機車 ・省油、有力、耐用
37.《聯合報》 ・正派辦報。	38.日立家電 ・生活美學。	39.海洋拉娜 ・頂級保養品之王
40.麥當勞 ・歡聚歡笑在一起 ・We are lovin'it	41.M&M巧克力 ・只溶於口，不溶於手	42.TVBS ・最值得信賴的新聞台

二、品牌slogan的三個代表

品牌slogan具有3個代表，如下圖示：

1.代表：品牌精神（Spirit）＋ 2.代表：品牌承諾（Commitment）＋ 3.代表：品牌定位（Positioning）

讓消費者更有好感、更有記憶度、更有印象度

MEMO

黃金法則 53

善用廣告代言人：有效提高品牌印象度、知名度、好感度及業績力

善用廣告代言人：有效提高品牌印象度、知名度、好感度及業績力

一、近幾年來成功的品牌廣告代言人

近幾年來，品牌代言人成功的為品牌打造形象度及好感度，甚至帶動業績成長。諸如下列比較有效果的一線知名藝人，如下圖示：

圖53-1　有效果的成功藝人代言產品實例

1.統一超商CITY CAFE ·桂綸鎂	**2.萬歲牌腰果** ·Janet（謝怡芬）	**3.桂格人蔘雞精** ·謝震武
4.中華電信4G及5G ·金城武·五月天	**5.Panasonic** ·柯佳嬿	**6.海倫仙度絲** ·賈靜雯
7.全聯超市 ·蔡依林·全聯先生	**8.P&G Crest牙膏** ·蔡依林	**9.安怡奶粉** ·張君甯
10.老協珍 ·郭富城·徐若瑄	**11.愛之味** ·戴姿穎	**12.富士按摩椅** ·林依晨
13.得意的一天 ·隋棠	**14.補體素** ·陳美鳳	

此外，還有其他知名一線的有效藝人代言人，如下：楊丞琳、LuLu、吳姍儒、林心如、林志玲、吳念真、白冰冰、許瑋甯、田馥甄、吳慷仁、Ella、Selina、胡瓜、吳宗憲、曾國城、陶晶瑩、白家綺、蕭敬騰、于子育、盧廣仲、張孝全、楊謹華……等人。

二、挑選合適代言人的4要件

品牌廠商最重要的就是要挑選合適的、有效果的代言人，才不會浪費錢。

綜合來看，品牌代言人應該具備四條件：

圖53-2　合適的藝人代言人四條件

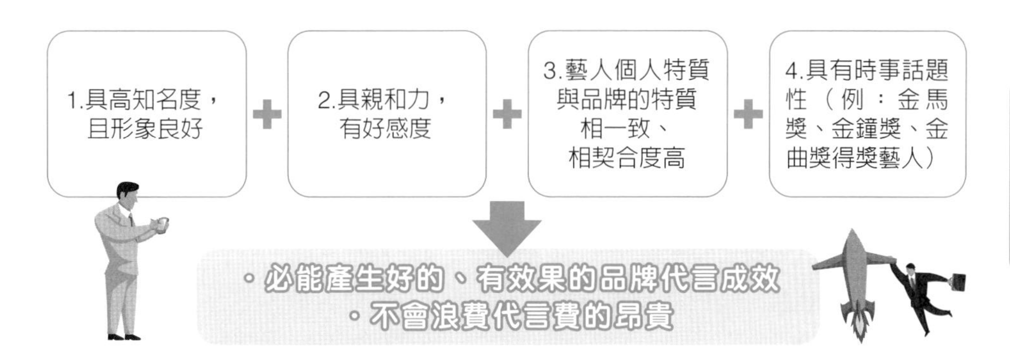

三、如何做好品牌代言人的年度工作呈現規劃

品牌廠商花了昂貴的年度代言費用，就要好好的做好品牌代言規劃工作：

（一）拍出好的電視廣告片及平面照片

首先，要與廣告公司做好配合規劃及執行製拍出一年度內的2～4支電視廣告片。電視廣告片非常重要，必須要有「很好創意」＋「印象深刻」＋「吸引人注目」，以期能達到「叫好又叫座」的最終目標，此即：叫好——對品牌力打造有大幫助；叫座——對業績力提高有大幫助。所以，代言人的電視廣告片要做好規劃，是非常重要的。另外，在平面廣告照片方面，也要拍出幾組好看、吸引人的平面照片，以供：

1. 公車廣告之用。
2. 捷運廣告之用。
3. 戶外大型看板廣告之用。
4. 網路廣告之用。
5. 官網及官方粉絲團之用。

圖53-3　拍出好的、吸引人看的代言人電視廣告片及平面照片3要點

1.有很好的廣告片創意呈現。 ＋ 2.能令人印象深刻的。 ＋ 3.能吸引人注目的。

・達成電視廣告片的「叫好又叫座」成效

・電視廣告片要有效果，否則就是浪費錢！

（二）辦好代言人記者會／新產品發布會

第2個要規劃好的，就是要辦好代言人記者會及新產品發布會，透過出席記者的大幅度報導及曝光率，以打響我們新產品、新品牌的高知名度及印象度。就是要透過代言人的魅力及影響力，以拉抬新產品及既有產品的品牌力。

（三）辦好各種活動出席

第3個，在一年度內，要規劃好代言人要出席的各種活動，包括：

1. 旗艦店開幕活動。
2. 一日店長、一日櫃長的現場促銷活動。
3. 快閃店活動。
4. 體驗活動。
5. 公益活動。
6. 會員活動。
7. VIP晚會活動。

讓上述各種行銷活動，都能夠成功圓滿，且達成目標要求。

（四）代言人要親身使用過，才具見證效果

第4個，很多產品性質是代言人必須自己親身使用或長期使用，才具有代言見證的好效果。例如：彩妝品、保養品、家電品、醫美品、日常消費品……等都是。

（五）代言人要多元運用社群媒體

第5個，代言人不僅要出現在電視廣告外，在社群媒體露出上，也要更加涵蓋。例如：

1. 公司官網。
2. 品牌官方粉絲團（FB、IG、YT、LINE）。
3. 藝人自己的FB及IG。
4. 品牌的線上商城。

（六）廣告投放預算要足夠

第6個，除了給昂貴的年度代言費之外，品牌廠商也要提供足夠的廣告投放預算，主要集中在3大媒體上：

1. 電視廣告預算
2. 網路廣告預算
3. 戶外（公車、捷運、看板）廣告預算

如果，廣告預算太少，則代言人及品牌的廣告總聲量及曝光率出不來，則必會減損藝人代言效果的。

（七）廣告投放的媒體組合，要精準、正確

第7個，既然花了不少廣告預算經費，那就要注意在執行上的廣告投放媒體組合上，要重視精準、正確、有效的媒體組合，才能廣大、有效的觸及到品牌的目標客群，也才能對品牌力及業績力產生有正面的成效。

圖53-4　做好品牌代言人年度規劃呈現的七大項

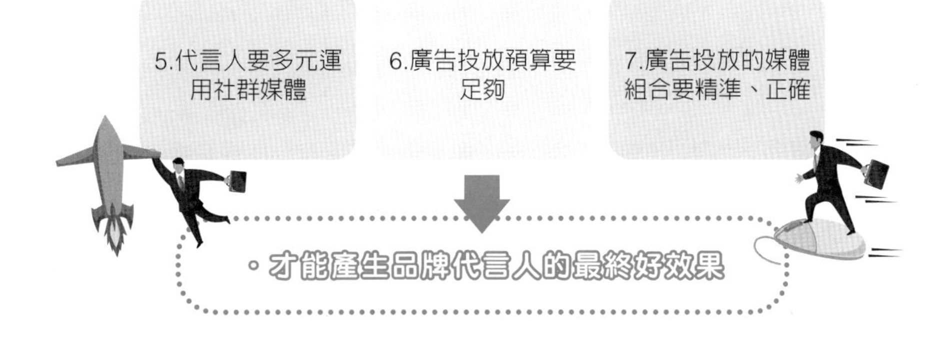

四、年度品牌代言人效益評價的KPI指標

花了不少錢，請年度品牌代言人之後，到快滿一年時，品牌廠商必須準備做好代言人的效益評估工作。年度品牌代言人的效益評估KPI指標，有主要及次要指標二種，如下：

（一）主要指標

主要有二種：

一是，針對這一年來，代言人對我們「品牌力」提升的成效如何。例如：品牌知名度、好感度、指名度、信賴度等品牌能力是否較沒有代言人時，有明顯的百分比成長。

二是，針對這一年來，代言人對我們的「業績力」提升成效如何。例如，去年我們的年度業績是20億元，在各種條件沒變狀況下，業績提高到22億元，成長

10%業績，表示代言人是有一些好的效果出來。

（二）次要指標

主要是指二種，一是，對企業整體形象提升，是否有幫助。二是，對會員數、來客數增加，是否有幫助。

圖53-5　年度代言人效益評估4大指標

1.主要指標
(1)品牌力是否提升。
(2)業績力是否增加。

＋

2.次要指標
(1)企業整體形象是否更好。
(2)會員數、來客數是否增加。

五、代言人：成本與效益比較分析

針對年度品牌代言人的成本／效益（Cost and Effect）比較分析，如下：

1.成本支出（假設）

(1) A咖代言人費用：800萬
(2) 一年廣告費支出：6,000萬
　合計：6,800萬

2.效益獲得（假設）

(1) 年營收增加：
- 從20億增加到22億，增加2億元
- 2億元×40%毛利額＝8,000萬
- 毛利額8,000萬－6,800萬支出
  淨利增加：1,200萬元

(2) 品牌知名度及好感度，從40%，上升到60%，淨增加20%品牌力

3.總結

(1) 收入－支出＝1,200萬元淨利產生。

(2) 品牌力上升20%。

(3) 故，總結：有代言人，是正面效益的；是效益大於成本的。

六、品牌年度代言人費用：100萬～1,000萬元之間

最後，那麼知名藝人的年度代言費用是多少呢？根據實務界人士提供的數

據，顯示知名藝人代言費用，視其不同等級，大概在100萬～1,000萬元之間。等級很高的，大概要到接近1,000萬元，例如像金城武要到1,500萬元，但這是很少數的。等級較低的，大概也要100萬元起跳。

看起來，代言費好像很昂貴，但對大品牌、大公司而言，他們的年度營收額經常超越幾十億元、幾百億元、甚至上千億元，從此那麼高營收來看，花個100萬～1,000萬找個年度代言人，其實是足可負擔的。當然，任何錢都要花在刀口上，不可浪費，找代言人，不是錢多少問題，而是效果、成效、效益問題；如果，最終是：效益＞成本，那麼，找年度品牌代言人的操作方式，是必要且值得的。

圖53-6　代言人值得找嗎？

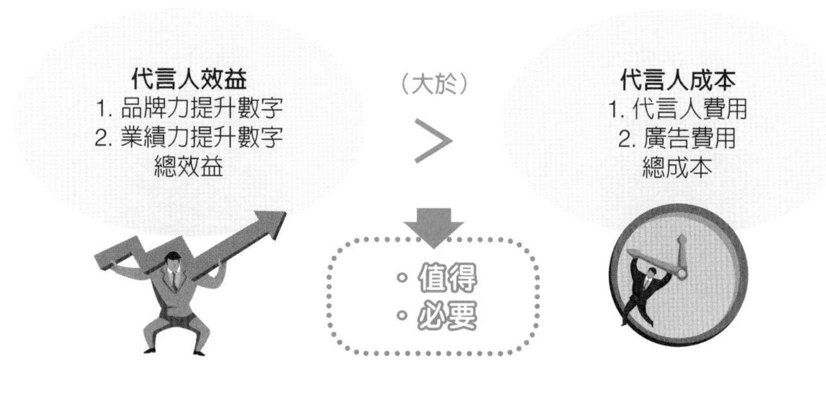

MEMO

黃金法則 54

高EP值：體驗行銷正當道，爲顧客帶來美好感受

高EP值：體驗行銷正當道，為顧客帶來美好感受

一、「美好體驗」的4大效益

「體驗行銷」對品牌廠商、對零售百貨業、對各式服務業、對餐飲業等，都是非常重要的，一定要做好它，讓顧客有一個難忘的美好感受及美好體驗。做好「體驗行銷」，具有下列4點效益：

1. 可以使「顧客滿意度」提高。
2. 可以使顧客留下「好口碑」。
3. 可以使顧客高的「回購率」及「回流率」。
4. 可以使顧客成為「忠實主顧客」。

圖54-1　做好「體驗行銷」，帶給顧客「美好體驗」4大效益

1.可以提升「顧客滿意度」 ＋ 2.可以使顧客留下「好口碑」 ＋ 3.可以提高顧客「回購率」及「回流率」 ＋ 4.可以使顧客成為「忠實主顧客」

↓

帶給企業更大競爭力、更鞏固主顧客，以及更成長的營收及獲利

二、「體驗行銷」的成功實例

茲列舉作者我本人的親自體會，以及各種媒體報導的各行各業「體驗行銷」成功實例，如下述：

（一）預售屋（樣品屋）的美好體驗

一、二十年前，作者正要買有電梯大樓的房子，結果去看附近有一個預售屋展示，進去看樣品屋，果然40坪房子打造裝潢得美侖美奐，令人看了就想買，結果就預訂買，一直住到今天，17年過去了。

（二）百貨公司、超商、超市改裝及升級的美好體驗

近一年，作者我個人去過SOGO百貨忠孝館、新光三越百貨A11館、統一超商、全聯超市，結果發現這四個地方都有大幅的改裝、升級，場地更加明亮、新穎、漂亮、豪華、進步，令人有更好印象，也有更美好體驗。

（三）名牌旗艦店的美好體驗

近二年內，作者我個人去了台北101百貨公司，進到LV、GUCCI、CHANEL、DIOR……等四大名牌精品旗艦店，裡面裝潢得非常奢華感、坪數也很大、服務人員的專業度及素質也很高，留下美好印象。

（四）momo電商的美好體驗

我個人經常上momo電商的App，常有特惠價（低價）的限時促銷活動，真的比外面實體店便宜很多，而且一天後（24小時內）就宅配送貨到；此種低價及快速物流，令我有美好體驗及感受。果然是年營收超過1,000億元的第一大電商公司。

（五）百貨公司VIP室的美好體驗

最近，因緣際會成為SOGO百貨台北復興館的VIP會員，某次逛累了，就進到九樓的VIP貴賓休息室，裡面有二位小姐專門提供各項服務，又有沙發區可以休息，體驗感不錯。

（六）Dyson吸塵器24小時完修服務的美好感受

恆隆行代理進口的高價位Dyson吸塵器，宣示只要有故障，必在24小時內，完成技術維修寄回去給顧客，令人產生美好感受。

（七）超商大店化、特色店化、複合店化的美好體驗

最近一、二年，統一超商及全家超商，令我有美好體驗及感受，不再是過去小小20坪的小超商店了。只要店面坪數夠大，就會朝向：

1. 大店化
2. 特色店化
3. 複合店化

（八）五星級大飯店及高檔餐廳的美好體驗

作者有幾次去君悅大飯店、晶華大飯店、寒舍艾美大飯店、香格里拉大飯店及海峽會餐廳與長官、董事長餐敘，在包廂裡面都有好幾個服務人員很認真、很

有禮貌的服務客人，令我有美好記憶及美好體驗。

（九）好市多（Costco）試吃、試喝的美好體驗

十多年前，第一次到台北好市多（Costco），看到四、五個試吃、試喝攤位，覺得很新鮮，也跟著去要，感到很不錯的體驗。

（十）三得利、朵茉麗蔻試用品的美好體驗

最近一年，日系產品的三得利、朵茉麗蔻在電視廣告上，提供很多低價或免費的試用品，也是在吸引顧客的體驗。

（十一）洋酒公司VIP會員品酒晚宴的美好體驗

有一次晚上，作者在朋友帶領下，進入五星級大飯店的某個宴會廳，有某一個洋酒大品牌舉辦新酒發布會暨晚宴，參加VIP者都是高所得且愛好喝洋酒的顧客，現場有吃、有喝、有聽音樂，體驗很棒。另外，還有好幾個美好體驗、感受的案例。

（十二）台北信義區BELLAVITA貴婦百貨，每年一次的「VIP貴賓晚宴招待會」

（十三）台北微風百貨，每年一度的VIP貴賓「微風之夜封館秀」活動

（十四）星巴克及路易莎特色店的美好感受

（十五）汽車經銷店可提供新車購買的「試乘活動」體驗

（十六）台北小巨蛋的藝人／歌手演唱會及國外表演團體，加上舞台的炫目設計，都帶來很好享受及體驗

（十七）一般日常消費品、耐久性商品……等，使用後也有美好體驗與感受

（十八）一般餐廳，例如：王品、瓦城、豆府、乾杯、饗食天堂、欣葉、胡同、築間、古拉爵……等各式餐廳的菜色、服務、店內裝潢、位置空間大小等，也都會帶來美好感受及體驗

三、體驗行銷如何做好？從哪裡做起？

那麼，各行各業想要營造出顧客有「美好體驗感受」，應該從哪裡做起、如何做好？從上述一、二十成功實例中，歸納出如下6大面向做好「體驗行銷」：

圖54-2 「美好體驗行銷的真實案例」

1.預售屋（樣品屋）的美好體驗	2.百貨公司、超商、超市改裝及升級的美好體驗	3.名牌旗艦店的美好體驗
4.momo電商的美好體驗	5.百貨公司VIP貴賓室的美好體驗	6.Dyson吸塵器24小時完修服務的美好感受
7.超商大店化、特色店化、複合店化的美好體驗	8.五星級大飯店及高檔餐廳的美好體驗	9.好市多（Costco）試吃、試喝的美好體驗
10.三得利、朵茉麗蔻試用品的美好體驗	11.洋酒公司VIP會員品酒晚宴的美好體驗	12.台北BELLAVITA貴婦百貨VIP晚宴招待會美好體驗
13.星巴克及路易莎特色店美好感受	14.汽車經銷店新車試乘體驗	15.微風百貨VIP微風之夜晚會美好體驗
16.台北小巨蛋藝人演唱會及國外表演團體美好體驗	17.一般日常消費品、耐久性商品使用後的美好體驗	18.一般餐廳（王品、瓦城、豆府、乾杯、胡同、欣葉、饗食天堂）使用後的美好體驗

↓

◦ 創造對該公司、該品牌的美好印象、美好滿意度與美好口碑評價

圖54-3 成功做好體驗行銷與美好感受的6大面向

1.從場所及設備做起 ‧場所及設備要持續改裝、改型、改大、升級、改為有豪華感覺	**2.從人做起** ‧現場服務人員、銷售人員要有訓練、要高素質、要高親切感	**3.從制度做起** ‧要給顧客有尊榮感、尊寵感、為你客製化之感
4.從思維、心態革新做起 ‧不只是賣產品，更是賣優質服務、優質體驗、優質及進步感	**5.敢於投資花錢在硬體設施** ‧敢花錢做更棒的專櫃、專賣店、旗艦店、改裝、升級上面的投資不手軟	**6.辦好每一場活動** ‧不管對一般會員或VIP會員，都要用心、盡心辦好每一場活動，帶給會員美好感受

MEMO

黃金法則 55

行銷新契機：抓住需求改變的節奏，跟著社會脈動而改變及精進

行銷新契機：抓住需求改變的節奏，跟著社會脈動而改變及精進

一、顧客需求改變及社會脈動改變的實例

顧客需求及社會脈動改變對企業及品牌廠商的影響是很深遠的，如下：

（一）零售業的變化

在2022年～2024年之間，台灣面臨七大環境變化：

1. 高通膨
2. 高利率
3. 出口衰退
4. 全球景氣衰退
5. 全球消費者緊縮
6. 低薪持續
7. 股市下滑

使各種零售業及品牌廠商紛紛應變如下：

1. 紛紛設立抗漲專區。
2. 各行各業加碼、加強促銷力道。
3. 促銷型電視廣告量大量增加宣傳。
4. 低價、平價產品受歡迎。

圖55-1　2022～2023年零售業及各行各業應對全球高通膨、高利率、低薪、景氣不振的方法

1.零售業紛紛設立抗漲專區	2.各行各業加碼、加強促銷力道	3.促銷型電視廣告量大量增加宣傳	4.低價、平價產品大受歡迎

↓

提振消費力道

（二）老年化需求及脈動變化

近五年來，由於台灣老年化快速增加，65歲以上人口，已占1/4（25%），這種老年化脈動的變化，使國內出現下列七種新浮現的好商機，如下：

圖55-2　抓住國内人口老年化趨勢與脈動變化的七種新商機

1.保健產品需求大幅增加（益生菌、葉黃素、魚油、維他命、滴雞精）

2.連鎖藥局大幅成長（大樹、杏一、丁丁、維康）

3.醫學中心及社區診所生意成長

4.長照及養老院服務需求大增

5.印尼看護勞力需求大幅成長

6.保健產品的電視廣告投放量大幅增加

7.強調高鈣、銀髮族的奶粉需求大增

（三）外食需求及脈動變化

由於外食需求及脈動變化大幅成長，因此，產生兩種行業業績顯著成長，如下圖示：

圖55-3　外食需求及脈動下的兩種成長行業

1.超商的鮮食便當、麵食、小火鍋、冷凍食品等，顯著業績成長

2.各式連鎖餐飲大幅成長業績（王品、瓦城、麥當勞、乾杯、豆府、饗食天堂、欣葉、漢來……）

（四）彩妝／保養品需求及脈動的兩極化變化

圖55-4　保養品

高價彩妝／保養品
・蘭蔻、雅詩蘭黛、Sisley、海洋拉娜、SK-II、CHANEL、DIOR等業績成長。

低價彩妝／保養品
・專科、肌研、花王……等業績成長。

（五）汽車需求及脈動新變化

如下圖示：

圖55-5　汽車

1.進口車占比提升，國產車市占率下滑很大。

2.中大型休旅車需求大幅成長。

3.電動車銷售有顯著增加。

二、企業及品牌廠商該如何應變？

主要有兩點：

（一）責成行銷部及營業部成立「聯合小組」，專人專責負責此事的偵測、洞察、分析及提出立即建議，供高階主管裁示及決策。

（二）此「聯合小組」要著重在如下圖示的2個方向做好偵測：

圖55-6　行銷部及營業部成立「聯合小組」偵測2大方向

1.偵測：
・顧客需求的改變及趨勢

＋

2.偵測：
・社會大環境脈動的走向及變化

→

。掌握住行銷新契機
。掌握住市場新商機
。創造企業年度營收及獲利的再成長、再高峰

黃金法則 56

某大家電品牌：「明年度（○○年）整體行銷計劃案」撰寫大綱項目

某大家電品牌：「明年度（○○年）整體行銷計劃案」撰寫大綱項目

一、今年度全公司銷售業績總檢討

1. 今年銷售及獲利與去年比較分析。
2. 各產品別銷售業績及獲利檢討。
3. 各地區別（分公司）銷售業績及獲利檢討。
4. 今年業績成長原因分析。

二、明年度（○○年）外部大環境及市場環境的變化與趨勢分析

1. 國內外部大環境變化、趨勢與影響分析。
2. 國內大／小家電市場環境變化、趨勢與影響分析。

三、明年度（○○年）銷售業績及獲利預算目標說明

1. 明年（○○年）整體公司銷售業績目標及獲利目標金額。
2. 明年各產品別銷售業績目標及獲利目標金額。
3. 明年各地區別（各分公司）銷售業績目標及獲利目標金額。
4. 明年全公司業績目標成長率及成長關鍵重點掌握分析

四、明年度（○○年）全公司整體行銷策略規劃說明

1. 產品策略規劃重點說明。
2. 定價策略規劃重點說明。
3. 通路策略規劃重點說明。
4. 廣告傳播策略規劃重點說明。
5. 媒體投放策略規劃重點說明。
6. 服務策略規劃重點說明。
7. 促銷策略規劃重點說明。
8. 公益形象策略規劃重點說明。
9. 品牌力深化策略規劃重點說明。
10. 網紅行銷策略規劃重點說明。

五、明年度（○○年）行銷預算支出說明

1. 明年行銷預算支出金額及其與去年比較及原因說明。
2. 明年行銷預算支出方向、項目占比及效益說明。

六、結語、討論及裁示／指示

圖56　某大家電品牌明年度整體行銷計劃撰寫的大綱項目

1.今年度全公司銷售業績總檢討

2.明年度（○○年）外部大環境及市場環境的變化與趨勢分析

3.明年度（○○年）銷售業績及獲利預算目標說明

4.明年（○○年）全公司整體行銷策略規劃說明

5.明年（○○年）行銷預算支出說明

6.結語、討論及裁示

MEMO

黃金法則57

布局未來，未雨綢繆：積極開展第二條、第三條成長曲線

布局未來，未雨綢繆：積極開展第二條、第三條成長曲線

一、布局未來，打造第二條成長曲線的6點重要性

任何企業保持永續的成長經營性，是非常非常重要的一件大事。因此，提前布局未來、未雨綢繆，積極開展第二條、第三條成長曲線的重要性，有如下圖示：

圖57-1　布局未來，拓展第二條、第三條成長曲線的6大重要性

1.可保持營收、獲利成長性；也才能保持好股價及好的企業總市值

2.可讓企業營運體質及總體競爭力更加鞏固及強化

3.可更加疏解組織內部人員的升級及幹部位置

4.可以活絡、活化、振作組織成員工作士氣

5.可抓住外部環境的新契機、新商機

6.可降低既有、現有產品線的營運風險性，晴天要為雨天做好準備

- 晴天要為雨天做好一切準備
- 達成公司長期永續經營目標

二、布局未來，開創新成長曲線的成功實例

（一）零售百貨業

1. 康是美美妝店：開拓康是美藥局連鎖店。
2. 寶雅：開拓寶家第二品牌連鎖店。
3. 全聯：收購大潤發量販店。
4. 統一超商：持續展店不終止，全台已達6,700店之多。
5. SOGO百貨：承租台北大巨蛋商場，4萬坪空間，成為全台面積最大的百貨公司。
6. 家樂福：收購頂好超市200家門市店。

（二）電視媒體業

1. 民視：開拓娘家保健產品品牌，一年創造10億營收之多。

2. TVBS：開拓享食品保健品牌及TVBS新聞網。

（三）餐飲業

王品／瓦城／饗賓／乾杯／橘焱胡同／豆府／漢來／欣葉，皆持續開拓、引進新餐飲品牌，保持成長。例如：王品目前已高達23個品牌之多。

（四）家電業

Panasonic：朝向全方位大家電／小家電全系列產品組合成長，已成為國內第一大家電品牌。

（五）進口代理業

恆隆行／欣臨企業：持續引進國外十、二十多個品牌到台灣市場，不斷成長。

（六）電腦業

acer宏碁公司：朝向周邊子公司發展，已有4家成為上櫃子公司，形成宏碁集團。

（七）高科技業

台積電：持續從成熟晶片製程，邁向先進製程（5奈米、3奈米、2奈米、1奈米）發展，年營收額突破2兆台幣，並赴美國、日本、德國設廠，布局全球，持續成長。

（八）食品、飲料業

桂格：開拓桂格、天地合補、得意的一天……等多個品牌發展，產品線及產品組合也更加擴增，持續成長中。

圖57-2　布局未來，開創新成長曲線的成功實例

1.零售百貨業
- SOGO百貨
- 統一超商
- 全聯
- 寶雅
- 康是美
- 家樂福

2.電視媒體業
- 民視
- TVBS

3.餐飲業
- 王品
- 瓦城
- 饗賓
- 乾杯
- 漢來
- 橘焱胡同
- 欣葉

4.家電業
- Panasonic（台灣松下）

5.進口品牌代理業
- 恆隆行
- 欣臨企業

6.電腦業
- acer宏碁

7.高科技業
- 台積電

8.食品、飲料業
- 桂格

三、如何做好第二條、第三條成長曲線之5要點

企業要如何有計劃的做好第二條、第三條成長曲線拓展呢？主要有5點：

（一）成立專案小組推動

企業應成立跨部門聯合小組做好規劃，此小組可稱為「未來成長小組」、「布局未來小組」、「中長期事業小組」、「前瞻事業推動小組」、「2030年願景小組」……等專責單位負責規劃及推動。

圖57-3　未來第二、第三成長曲線的專案小組名稱

1.未來成長小組

2.布局未來小組

3.中長期專案小組

4.前瞻事業推動小組

5.2030年願景專案小組

・有效推進未來第二、第三條成長曲線！

（二）提出「中長期事業經營計劃」

此專案小組，必須每年提出「中長期（5～10年）事業經營計劃報告書」，並向董事會最高層報告，取得同意。

此計劃書，係針對未來5～10年成長曲線的方向、產品、技術、策略、組

織、人才、資金等進行深度的分析、討論、洞察、規劃及決策。

（三）掌握3大策略運用

企業未來的事業成長，應靈活運用3種策略，如下：

一是併購、收購策略。

二是合資、合作、聯盟策略。

三是自己做策略。

（四）準備好深口袋

要準備好資金來源的深口袋才行；不管是展店、擴廠、擴設備、海外設點、多品牌引進、技術研發……等，都要用到不少錢，因此，要備好子彈及深口袋。

（五）引進更多元化、更多專長人才

企業要成長，必須跨及更多事業領域，就必須引進更多文化、更多不同專長的人才才行。

圖57-4　如何做好開拓

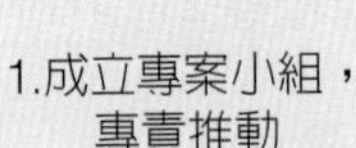

1.成立專案小組，專責推動

2.提出「中長期事業經營計劃報告書」

3.掌握3大策略運用

4.準備好深口袋

5.引進更多元化、更多不同專長人才

。有效且成功推進第二條、第三條企業成長曲線

MEMO

黃金法則58

行銷願景2030年

行銷願景2030年

一、行銷願景成功實例

茲列舉國內各行各業第一名公司的「行銷願景2030年」如下圖示：

圖58-1　各行各業第一名公司的「行銷願景2030年」實例

1.Panasonic
．全台第一大、最創新、最完整產品線的家電廠商，帶給全台消費者更美好生活

2.全聯超市
．創造全台顧客最方便、最低價、最好口碑、只賺2%微薄利潤的本土超市領航者

3.momo
．提供好品質、多樣化品項、平價、以及快速宅配的第一名電商網購先驅者

4.Costco（好市多）
．提供顧客最美好、最不一樣、最低價的美式大賣場零售服務者

5.寶雅
．提供女性顧客最多樣化、最新奇、最實用、最好品質的美妝、百貨第一品牌連鎖業者

6.王品
．提供最多元化口味且最好吃的餐飲連鎖第一名領航者

7.統一企業
．永保全台第一大、最創新、最食安、最進步的食品／飲料製造領導品牌

8.和泰汽車
．永續全台第一大、最安全、最信賴、最佳夥伴的汽車行銷領航者

9.台積電
．永保全球最先進技術、最高良率、最佳客戶服務的晶圓全球第一大公司

二、「行銷願景2030年的」7大目標

企業或品牌廠商的「行銷願景2030年」，應該針對行銷面，訂立下列7大目標，如下圖示：

圖58-2　廠商「行銷願景2030年」的7大目標

1.市占率目標多少

2.品牌排名目標多少

3.營收及獲利目標多少

4.顧客滿意度目標多少

5.顧客回購率目標多少

6.新產品開發及產品組合目標多少

7.企業／集團優良形象目標多少

↓

達成到2030年的行銷終極願景

三、如何做好、做到「行銷願景2030年」？

企業及品牌廠商要如何才能做到「行銷願景2030年」？主要有6個方向：

1. 先組成「行銷願景2030年」的專案小組，負責規劃及推動。
2. 先訂出到2030年時，公司要達成、達到哪些行銷願景的「目標數字」及「顧客理念」。
3. 每年度訂出細節目標、計劃、作法、策略、人力、組織及準備事項。
4. 每年12月舉辦一次年終達成狀況檢討會議及策勵未來。
5. 全體部門、全體員工要團隊合作，努力向2030年願景目標推進。
6. 訂出每年達成進度目標時的全員獎勵辦法，確實執行，以激勵士氣。

圖58-3　「行銷願景2030年」的6大方向

1.組織 · 先組成專案小組，專責負責推動	**2.訂出總目標** · 先訂出到2030年時的行銷各項總目標數字為何	**3.訂出每年執行計劃** · 再訂出每年的執行計劃及逐年目標
4.年底召開檢討會議 · 每年12月，召開一年一度的總檢討會議	**5.訂出獎勵辦法** · 訂出每年度達成進度目標之全員獎勵辦法，以激勵士氣	**6.全體員工，團隊努力** · 號召全體部門、全體員工，朝向2030年行銷總目標而努力

MEMO

黃金法則 59

專注經營、專注行銷：專注一個領域，就會成功

專注經營、專注行銷：專注一個領域，就會成功

一、專注經營／專注行銷的意涵

企業經營或做行銷，只要能夠專注、聚焦（focus）在某一個領域、某一個行業、某一個產品線，專注做好一件事，它們就必會成功。切記，不要隨便跨行經營，風險是很大的，不易成功。除非，你是一個大型集團，經營人才及經營資源很多的狀況下，跨行業的多角化事業發展才會成功；否則，就專心做好一件事。

二、專注經營、專注行銷的成功實例

國內有很多專注、聚焦經營／行銷而成功的實例，如下圖：

圖59-1　專注經營、聚焦行銷的成功實例

1.味全／愛之味／聯華／義美 ・聚焦食品、飲料行業	**2.Panasonic** ・聚焦大／小家電行業	**3.桂冠** ・聚焦湯圓及火鍋料行業
4.桂格： ・聚焦麥片及保健品	**5.王品／瓦城／欣葉／漢來／豆府／饗賓：** ・聚焦餐飲連鎖	**6.威秀／秀泰：** ・聚焦電影院及商場行業
7.P&G及Unilever： ・聚焦日常消費品（FMCG快消品）行業	**8.萊雅集團：** ・聚焦彩妝／保養品	**9.LVMH集團：** ・聚焦名牌精品行業
10.金蘭／萬家香： ・聚焦醬油行業	**11.金門酒業：** ・聚焦白酒、烈酒行業	**12.好來：** ・聚焦牙膏行業
13.永豐實業： ・聚焦衛生紙及洗衣精行業	**14.娘家：** ・聚焦保健品行銷	**15.禾聯：** ・聚焦家電行業
16.全聯： ・聚焦超市、量販店	**17.家樂福：** ・聚焦量販店、超市	**18. Costco（好市多）：** ・聚焦美式大賣場行業
19.大金： ・聚焦冷氣機行業	**20.光陽／三陽** ・聚焦機車行業	**21.和泰** ・聚焦汽車代理行銷行業
22.櫻花： ・聚焦廚具行業	**23.統一超商：** ・聚焦超商經營	**24.大立光：** ・聚焦手機鏡頭製造

三、專注經營／專注行銷的4個優點及好處

企業或品牌廠商用心且專注經營、專注行銷，具有下列4個優點及好處：

（一）可集中公司有限資源

公司資源不是無限，而是有限的。因此，必須集中、聚焦使用，不能太分散，一分散就沒有效果了。包括：

1. 人才資源。
2. 資金資源。
3. 廣告預算資源。
4. 技術資源。
5. 物流資源。
6. 廠房／設備資源。
7. 通路資源。

（二）可產生市場競爭力及競爭優勢

公司資源集中、聚焦使用之後，就會使公司的產品力、定價力、通路力、廣告宣傳力、業務人員力、物流配送力、售後服務力……等，產生它們在市場上的領先競爭力及各種面向的競爭優勢出來。

（三）可持續創新、升級、加值、優化核心產品組合

有了前述的市場競爭力及競爭優勢之後，企業就更有能力朝核心產品組合的不斷創新、升級、加值及優化，形成行銷上的良性循環。

（四）塑造強大及值得信賴的優良企業／品牌形象

最終，在上述的良性循環之下，企業在專注、聚焦的事業領域上，必將可以塑造出我們在顧客心目中的強大且值得信賴的優良企業／品牌形象，而得以永續經營下去。

圖59-2　專注經營／聚焦行銷的4個優點

1.可集中公司有限資源，有效能的運用 ＋ 2.可產生市場競爭力及競爭優勢 ＋ 3.可持續創新、升級、加值、優化產品組合 ＋ 4.可塑造出最值得信賴的優良企業／品牌形象

↓

可朝向長期、永續的經營下去

MEMO

黃金法則 60

「行銷應變學」成功3部曲：立刻判斷 → 立刻決定 → 立刻執行

「行銷應變學」成功3部曲：立刻判斷 → 立刻決定 → 立刻執行

一、做行銷，受七大面向影響

做行銷的、業務的、經營的，經營會受到下列七大面向而影響；因此，做行銷的，必須學會如何應變學。包括：

1. 外在環境變化。
2. 競爭對手變化。
3. 通路商變化。
4. 政府政策變化。
5. 消費者變化、客戶變化。
6. 公司自身狀況變化。
7. 整個市場變化。

圖60-1　七大面向影響

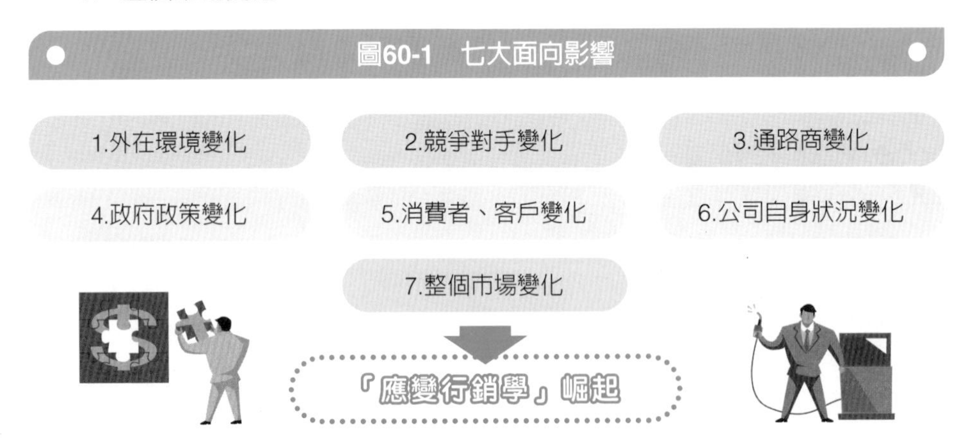

二、「行銷應變學」的成功3部曲

「行銷應變學」成功的3部曲，就是要做到如下圖示：

圖60-2　行銷應變

三、「立刻判斷」之意涵

行銷上的「立刻判斷」之意涵，主要有3個邏輯步驟，如下：

1. 立刻搜集內／外部的儘可能完整資訊；因為資訊不夠或錯誤，就會造成錯誤的決策。
2. 立刻展開公司內部跨部門討論、分析、思考與洞見、見解。
3. 最後，立刻做出適當的、快速的、精準的各種判斷。

圖60-3　立刻判斷的3個邏輯步驟

1.搜集資訊  2.討論分析  3.下判斷

四、「立刻決定」之意涵

1. 將上述各種發展可能性及影響性的判斷，快速轉達給決策高層拍板決定。
2. 決策高層也要快速的做出應急、應變的決定出來。

五、「立刻執行」之意涵

決策高層做出決定之後，就轉回給各部門的執行人員，快速展開執行力。

六、「立刻」的意涵

「立刻」的意涵，如下圖示：

圖60-4　「立刻」11種意涵

1.馬上的	2.立即的	3.快速的
4.敏捷的	5.彈性的	6.機動的
7.應變的	8.有方法的	9.精準的
10.當下最佳方案的	11.可以達成效果的	

黃金法則60　「行銷應變學」成功3部曲：立刻判斷
→ 立刻決定 → 立刻執行

七、如果沒有做到「立刻」會怎樣？

企業界或品牌行銷公司，如果沒有做到、做好「立刻」的要求時，會有哪些缺失呢？如下圖示：

圖60-5　沒有做到「立刻」要求，會產生5項不利後果

1.好商機將會被競爭對手搶走

2.市占率必衰退

3.營收及獲利必會逐年下滑

4.領導品牌地位將喪失

5.市場競爭優勢將會喪失

黃金法則 61

行銷洞見的根基：了解過去、掌握現在、預測未來、準備未來

行銷洞見的根基：了解過去、掌握現在、預測未來、準備未來

一、行銷洞見的3個邏輯根基

根據企業實務，行銷洞見產生的3個邏輯根基，就是如下圖所示：

圖61-1 行銷洞見

1.了解過去 → 2.掌握現在 → 3.
· 預測未來
· 洞悉未來
· 準備未來

二、對「未來的」13個面向思考

企業界及品牌廠商，必須面對未來的13個面向思考，如下圖：

圖61-2 「未來的」13個面向思考

1.對「市場需求」的未來性	2.對「產品需求」的未來性	3.對「消費者變化」的未來性	4.對「競爭者」變化的未來性
5.對「整個行業成長或衰退」的未來性	6.對「通路變化」的未來性	7.對「廣告宣傳」的未來性	8.對「價格」變化的未來性。
9.對「促銷」的未來性	10.對「技術發展」的未來性	11.對「社群平台」的未來性	12.對「媒體發展」的未來性

13.對「體驗發展」的未來性

三、做好對「未來性」發展與變化的4個要求

如何做好對「未來性」發展與變化的4個要求？如下圖示：

圖61-3　做好對「未來性」發展與變化的4個要求

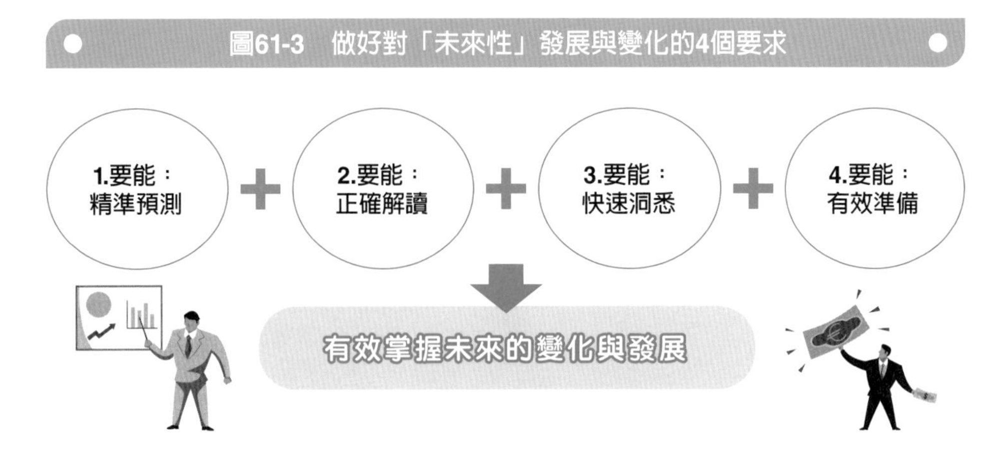

MEMO

黃金法則 62

服務≠SOP

服務≠SOP

一、服務≠SOP的意涵

從事服務業、零售業、門市店業、專櫃業、3C家電業、汽車業、金融業、五星級大飯店業、餐飲業……等，都知道售前、售中及售後等服務的重要性。若服務好、顧客體驗感受極佳，那麼顧客再回購率、再回店率、再回流率就會提高，顧客滿意度（CS）也會高；反之，則什麼都不好。

但，企業做好服務，只是基本功而已，因此，我個人認為，服務≠SOP，真正很棒的服務，絕對不是SOP（標準作業流程）而已；如果企業只是做到服務的SOP而已，那就只有60分，剛好及格而已。

二、最棒服務＝SOP＋做到顧客6大需求指標

那麼，最棒的服務是什麼？那就是：SOP＋做到顧客6大需求指標。什麼是顧客對服務的6大需求指標？如下說明：

（一）電話有人接

企業的客服中心或顧客服務部，必須能夠快速的有人接電話，不要久久沒人接；或是電話語音轉來轉去都沒人接；此時，顧客必然抱怨很大；我曾經多次打去銀行業及信用卡中心，電話語音轉來轉去，始終沒人接或是說占線中；此刻，我心中是很不滿意的，對銀行及信用卡中心印象壞透了，為什麼銀行業不能改革呢？

（二）服務完成速度要快

不少行業的技術維修服務完成時間，經常會拖很久，這時顧客是沒耐心；最好是能立即來修或24小時內完修，據說Dyson頂級家電要求24小時內，要完成維修，這就是很好的案例。

（三）要能實際解決問題

顧客對服務要求，最重要的是趕快實際解決產品的問題，讓顧客安心、能使用，所以，企業要能做到儘快解決顧客的問題點。

（四）維修成本不能索太高

再者，很多3C、家電、汽車、手機……等的維修成本要價很高，也讓顧客很

不滿意。

（五）服務態度要有溫度

要有溫度、有禮貌、很親切、很貼心，不要冰冷、不要SOP表面功夫；另外，客服中心或門市店服務人員或技術維修人員的服務態度，絕對不能SOP表面功夫，也不能冰冰冷冷，而是要：親切的、貼心的、有笑容的、有禮貌的、客氣的、有溫度的、專業的服務態度及服務精神。

（六）最頂級服務，是令人感動的服務

最後，企業最頂級的服務，應該就是：令客人感動的極緻服務，此時，顧客滿意度才會得到100分滿分。

總結來說，服務的SOP，只是基本功，只是表面作為，只是皮笑臉不笑，不是真心誠意的，不是從內心開心的作為，只是為了薪水而假裝出來，只是為了迎合長官要求而做出來的。所以，極緻、顛　的最棒服務，應切記，如下：

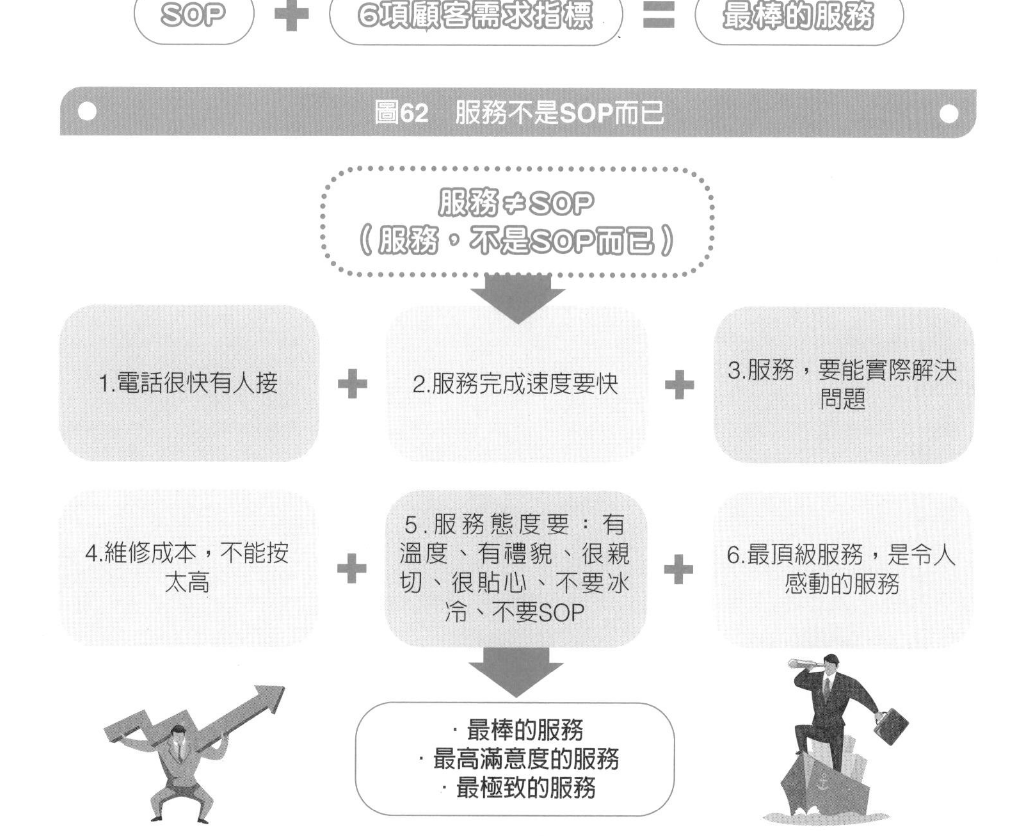

MEMO

黃金法則 63

從在意競爭對手，轉向重視消費者；根據潛在消費趨勢，催生熱銷產品

從在意競爭對手，轉向重視消費者；根據潛在消費趨勢，催生熱銷產品

一、重視消費者需求的3要點

做行銷，必須掌握及重視消費者需求的3要點，如下圖示：

圖63-1　掌握消費者需求的3要點

1.掌握：
・消費者潛在的需求

2.掌握：
・消費者未被滿足的需求

3.掌握：
・消費者未來性需求

二、重視及掌握消費者改變的9大點

「消費者」、「顧客」，是做行銷人的最優先注意項目，因為消費者一改變後，就會影響我們的產品銷售業績及市占率。下面圖示品牌廠商應該及時做好重視及掌握消費者改變的九個項目，如下：

圖63-2　重視及掌握消費者改變的9大點

1.掌握：
・消費者需求的改變

2.掌握：
・消費行為的改變

3.掌握：
・消費價值觀的改變

4.掌握：
・消費能力改變

5.掌握：
・消費忠誠度的改變

6.掌握：
・消費通路的改變

7.掌握：
・消費頻率的改變

8.掌握：
・消費價格的改變

9.掌握：
・消費品牌的改變

。切實掌握住消費者／顧客的一切

三、根據潛在消費趨勢，催生熱銷產品

茲列舉下列品牌根據潛在消費趨勢而催生出熱銷產品，如下：

1.白鴿洗衣精

抗菌、抗病毒
洗衣精暢銷

2.iPhone手機

iPhone 4G/5G
新手機暢銷

3.便利商店

便利帶走的咖啡及
霜淇淋暢銷

4.汽車業

多人座休旅車暢銷
歐洲進口車暢銷

5.食品業

優格新產品暢銷

6.冷氣機業

變頻省電冷氣機

7.娘家／三得利／善存／桂格／亞培／台塑生醫

中、老年人保健食品
賣得很暢銷

8.王品／瓦城／漢來／欣葉／饗賓、橘焱胡同

各式餐飲口味都很暢銷

MEMO

黃金法則 64

決戰未來：要預先推估市場需求及市場規模

決戰未來：要預先推估市場需求及市場規模

一、預先推估市場需求的13個項目

企業及品牌廠商必須推估未來三年、五年、十年後，到底市場需要些什麼東西？包括如下圖示的13個項目：

圖64-1 預先推估市場需求的13個項目

1.什麼樣的產品	2.什麼樣的口味	3.什麼樣的設計	4.什麼樣的包裝及外觀
5.什麼樣的色系	6.什麼樣的功能	7.什麼樣的功效	8.什麼樣的服務
9.什麼樣的價位	10.什麼樣的車型	11.什麼樣的專櫃	12.什麼樣的改裝及裝潢
	13.什麼樣的市場規模		

二、推估年限：3～10年

預先推估市場需求，以3～10年為預估期間。若太長，可能預估不夠精準；太短，可能預估不夠前瞻，故以3～10年的中／長期預估為較適當。

圖64-2 預估未來市場需求的年限

- 以3～10年推估未來市場需求狀況，較為適當

三、負責推估部門：行企部＋營業部

公司內部負責推估未來市場需求的部門，行銷企劃＋營業部兩個部門為宜。

黃金法則 65

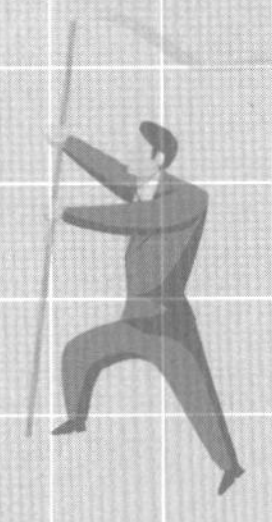

品牌經營的終極努力目標：信賴

- 要讓消費者信賴這個公司、信賴這個品牌，信賴就是安心、就是保證、就是一切。
- 賣商品之前，先賣品牌

品牌經營的終極努力目標：信賴

一、信賴，就是一切

企業的品牌經營，終極目標，就是要獲得顧客對我們公司、我們的品牌，能夠信任（trust）、信賴，因為：

信賴 ＝ 相信 ＋ 安心 ＋ 保證 ＋ 一切

所以：

賣商品之前 ＝ 先賣品牌

二、如何做好、做到消費者信賴這個公司、這個品牌的12種作法努力

如何做好、做到顧客對我們公司、對我們品牌的高度信任、信賴感？可以從以下12種作法努力：

（一）先做好產品力，產品力是信賴的根基

企業必須先做好它的「產品力」，產品力是信賴的根基，沒有「好的產品力」，一切都是空的。「好的產品力」，是指：在品質、功能、功效、設計、包裝、外觀、內裝、外型、色彩、成份、安全、保證、保障、有效果等各種要求都是努力做好它們。

圖65-1　先做好產品力，好產品是信賴根基

・先做好、做強產品力

・好產品，是信賴的根基

（二）做好服務，滿意度才會提高

企業必須認真、用心做好：售前、售中、售後的服務。

企業對服務的要求，就是：要快速、要有效果、要維修費用低的、要親切、

貼心、要尊榮、要有禮貌、要有溫度、要專業，然後才會好的顧客滿意度。

圖65-2　做好服務，顧客滿意度才會提高

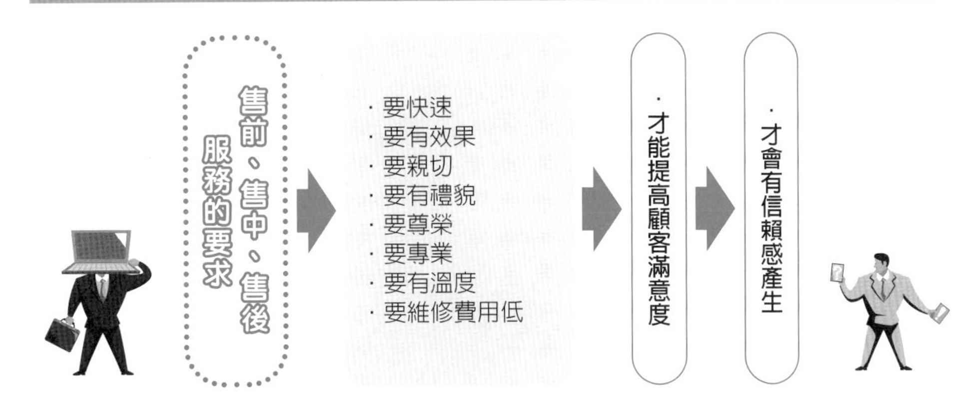

（三）打造出社會大眾好口碑、好形象

企業或品牌廠商要在人際之間或社群平台上經常出現正評，減少負評，正評長期累積下來，就是會有對此公司、對此品牌，有好口碑、好形象產生，然後信賴感、信任度就會不斷提高。

圖65-3　信賴感提高

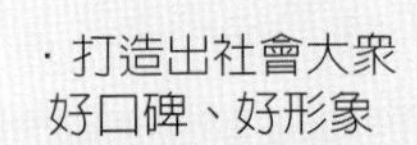

·就會對公司、對品牌
拉高信賴感及信任度

（四）經常有正面、良好的新聞報導出現

企業及品牌廠商要儘可能多出現在各種媒體上，有正面、良好的新聞報導出現，多讓品牌好消息曝光出現，全國大眾就會有好印象感覺，信賴感也跟著提升。主要的媒體新聞報導，包括：

1. 電視新聞台報導（TVBS、三立、東森、民視、非凡、年代、中天、台視、中視、華視）。
2. 平面報紙新聞刊登（聯合、中時、自由、工商、經濟五大報）。

3. 財經雜誌刊登（《商業周刊》、《今周刊》、《天下》、《遠見》、《動腦》、《經理人》、《數位時代》）。
4. 網路新聞報導（ETtoday、聯合新聞網、中時新聞網、自由新聞網、今日新聞網……等）。

圖65-4　經常有正面、良好的媒體新聞報導出現

正面新聞報導
- 電視新聞台
- 財經雜誌
- 平面報紙
- 網路新聞

- 提高對此公司、此品牌的信賴感

（五）不斷保持創新求進步及精益求精的實際作為及成果出現

企業及品牌廠商要不斷保持創新求進步求突破及精益求精的實際作為及成果出現；如此，就會讓社會大眾對此公司、此品牌有高的信賴感及好的評價。例如：Dyson、Panasonic、和泰TOYOTA、麥當勞、SOGO百貨、新光三越百貨、漢神、全聯超市、百貨、三井Outlet、統一企業、統一超商、全家超商、Costco（好市多）、家樂福、桂格、娘家、白蘭氏、P&G、Unilever、愛之味、光陽／三陽機車……等，都是不斷求進步、求創新的優質企業好品牌。

圖65-5　保持創新求進步

1.不斷創新求進步

2.不斷精益求精

3.不斷用心求再突破

- 創造出好印象、
- 再提高信賴度

（六）長期保持高的顧客滿意度，至少在90%以上

品牌廠商必須長期在「產品力」及「服務」做好本份，以這二個基本功，爭取顧客長期的高滿意度（90%以上）；顧客持續每年都有高滿意度，就會對此公司、此品牌有好印象、好口碑，以及高的信賴度產生。

圖65-6　長期保持高滿意度，就會有高信賴度

·高的顧客滿意度

·就會有高的顧客信賴度

（七）要儘可能做到平價及親民價格

雖然「一分錢一分貨」，高品質、好品質的產品，自然訂價會高一些；但，品牌廠商仍應盡一切可能，降低成本、增加價值、提供優惠、努力做到平價及親民價格，那必會使顧客更加有好評及高信賴度。

圖65-7　親民價格必會帶來好評及高信賴度

·平價、親民價格

·必會帶來好評及高信賴度

（八）切忌不可有暴利及不當利潤產生

企業必須切忌不可有太高暴利產生，也不可有不當利潤產生，這些都不會帶來社會大衆的好評，只有負評、惡評而已。

（九）終極理念：為廣大消費者帶來「更美好生活」

企業界及品牌廠商，必須切記，企業經營的最高、最終極經營理念及行銷本質，就是要為廣大消費者帶來「更美好生活」。能永遠堅持並做到此一終極理念，必會使廣大消費者感動，從而產生對該企業、該品牌的更高信任度及信賴感。

圖65-8　實踐為廣大消費者帶來更美好生活，必可大大提高信賴度

·用心堅持及實踐為廣大顧客帶來「更美好生活」

·必可感動廣大顧客，爭取到廣大顧客最高的信賴感

（十）永遠以顧客為核心，真正實現顧客導向

任何企業及品牌廠商要放在心裡的最高方向指針，那就是「永遠以顧客為核心，真正實現顧客導向」，那才是真正的行銷成功。

圖65-9　顧客為核心

·永遠以顧客為核心，真正實現顧客導向

·顧客最大信賴感

（十一）善盡企業社會責任，做好CSR＋ESG

企業不只是追求獲利賺錢而已，更必須做好：CSR＋ESG；對環境保護、對社會弱勢贊助支持、對公司透明治理、對社會關懷／關心等，都是追求的重要目標，這樣的優質好企業、好品牌，才會得到社會大眾的肯定。

圖65-10　善盡企業社會責任，做好CSR＋ESG

做好：CSR＋ESG

·必可爭取社會大眾的肯定、支持及信賴

（十二）長期投放電視廣告，發揮優良好品牌、好公司印象感

最後，就是企業及品牌廠商，應該長期投放電視廣告，讓顧客產生長期的印象感。

例如：統一企業、麥當勞、統一超商、全聯、和泰TOYOTA、大金、日立、Panasonic、普拿疼、台灣花王、三星、LG、P&G、Unilever、桂格、白蘭氏、愛之味、光陽、三陽機車……等，都是數十年來，長期投放電視廣告，永遠出現在廣大顧客的眼前，永不消失。

圖65-11　長期投放電視廣告，永遠與廣大顧客在一起

・長期投放電視廣告，永遠與廣大顧客在一起

・爭取永遠的顧客信任度與信賴感

MEMO

黃金法則 66

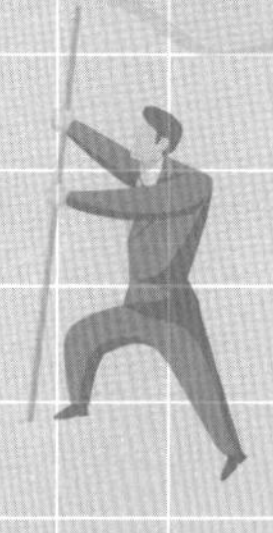

長銷秘訣：鞏固經典口味老顧客群，並且與時俱進爭取年輕新客群

長銷秘訣：鞏固經典口味老顧客群，並且與時俱進爭取年輕新客群

一、長銷兩招秘訣

過去很多實例顯示，凡是能夠長銷數十年的品牌或產品，主要秘訣有兩招，如下圖示：

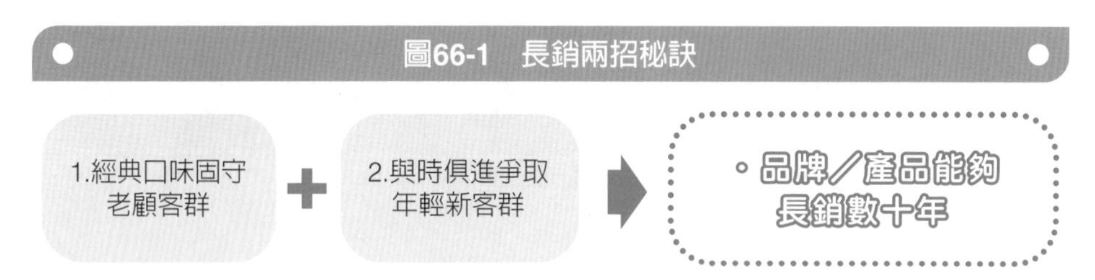

圖66-1　長銷兩招秘訣

二、長銷品牌／產品的成功實例

茲列舉如下幾個長銷品牌或產品的實例：

（一）喜年來蛋捲

國內在做蛋捲的第一品牌，即是有40多年的「喜年來蛋捲」品牌，該公司年營收6億元，國內銷售3億元，國外銷售3億元。喜年來蛋捲四十多年來，以經典口味及配方固守住一群老顧客；另一方面，則推出13種不同口味吸引年輕顧客，又以聯名口味及季節限定口味，以及與三麗鷗卡通人物合作推出聯名公仔、客製化獨家公仔，成功吸引到年輕新客群。

圖66-2　喜年來蛋捲長銷40多年

固守老客群
．以經典口味、配方固守住長年老客群

＋

開發年輕新客群（不斷與時俱進）
．以新口味蛋捲、季節限定口味蛋捲、公仔聯名蛋捲成功吸引年輕新客群

（二）統一泡麵

統一泡麵長銷50多年，目前年銷3億包，創造近60億營收，市場占有率達48%之高，全年泡麵市場達140億元。統一泡麵50多年來，以經典口味的統一麵、科學麵為主力老顧客群；後來，又與時俱進，持續推出：來一客、阿Q桶

麵、拉麵道、滿漢大餐、大補帖、小時光麵館……等不同品牌的不同口味及配方，並推出非油炸麵的新麵條，創新求進步，成功爭取更多的年輕新顧客群。

圖66-3　統一泡麵長銷50多年兩大秘訣

固守老客群
· 以統一麵經典口味，固守老顧客群不流失

開發年輕新客群（不斷與時俱進）
· 新口味、新配方。
· 新麵條、非油炸麵條
· 新份量
· 新品牌
· 新廣告

（三）SOGO百貨忠孝館

台北SOGO百貨忠孝館是全台坪數最高的第一名百貨公司館，年營收超過100億元。30多年來，SOGO百貨忠孝館的80%業績來源，都是來自主顧客群，但他／她們的年紀稍大些，約在45歲～70歲之間。近二、三年來，忠孝館花費不少錢，進行一樓美妝專櫃區的改裝，以及地下一樓超市美食區的改裝，這些都是與時俱進的行動，吸引不少年輕新客群。

圖66-4　台北SOGO百貨忠孝館長銷30多年秘訣

固守老客群
· 每年業績80%都來自主顧客群的奉獻

開發年輕新客群（與時俱進）
· 一樓美妝館大幅重新裝潢
· 地下一樓超市及美食區也改裝
· 引進更多年輕化新專櫃

（四）Panasonic（台灣松下）

國內第一大家電品牌，即是Panasonic，它成立已有50年歷史，它的產品線迄今非常齊全完整，大家電、小家電均有提供，方便顧客一站購足；在價位方面，多屬中等價位，消費者大都能買得起；最近一、二年，又與時俱進推出變頻省電家電及AI智能家電，不斷推陳出新，其客群已含蓋全家庭老、中、少客群。Panasonic年營收超過250億，電冰箱、洗衣機銷售市占率均第一名。

圖66-5 Panasonic（台灣松下）家電長銷50年秘訣

與時俱進＋推陳出新
· 全方位產品線（大家電＋小家電）
· 變頻省電家電
· AI智能家電
· 抗菌家電

（五）愛之味

愛之味食品公司成立已經50年，仍能屹立不搖在市場上，其長銷秘訣，是不斷創新產品，不斷推陳出新，如下知名品牌／產品：

1. 牛奶花生
2. 脆瓜
3. 菜心
4. 土豆麵筋
5. 寒天仙草
6. 蔭瓜
7. 三明治鮪魚
8. 甜八寶
9. 薏仁寶
10. 麥仔茶
11. 分解茶
12. 純濃燕麥
13. 妞妞珍珠圓

圖66-6 愛之味長銷50年秘訣

固守老客群
· 以經典口味守住老顧客群（例：牛奶花生、土豆麵筋、菜心……）

推陳出新、與時俱進吸引年輕客群
· 分解茶
· 純濃燕麥
· 麥仔茶

（六）統一超商

統一超商7-11成立已35年之久，目前總店數已高達6,700店之多，居國內超商領先地位，合併年營收為2,900億，本業年營收為1,800億元。統一超商迄今仍未顯老化，其進店顧客群，包括：老、中、青三代，仍保持非常年輕化及活力化。近年來，統一超商本業年營收持續創下新高，主因在於：

1. 不斷與時俱進。

2. 不斷推陳出新。

3. 不斷優化進步。

4. 顧客群涵蓋老、中、青三代全面性顧客群。

圖66-7 統一超商長銷的4大秘訣

1.不斷與時俱進 ＋ 2.不斷推陳出新、創新 ＋ 3.不斷優化進步 ＋ 4.涵蓋老、中、青全方位世代顧客群

- 年營收創歷年新高
- 長銷35年之久

具體來說，統一超商2023年營收創下1,900億元歷史新高，主因如下：

圖66-8 統一超商

1.每年持續展店200～300店之多。展店成功	2.大店化成功	3.各大節慶促銷活動成功
4.與名店、大飯店聯名鮮食便當成功	5.1,500萬人OPEN POINT紅利點數生態圈成功	6.店內產品優化成功
7.i預購線上電商成功	8.廣告宣傳成功	9.網購店取成功

MEMO

黃金法則 67

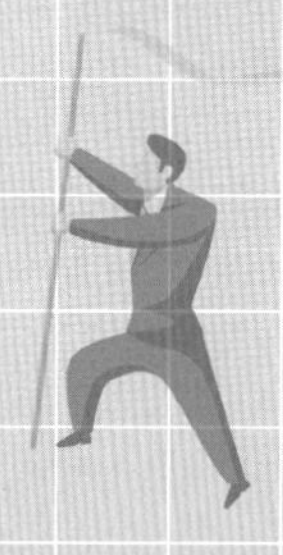

準備行銷學：隨時做好計劃、做好準備，就不怕外在環境與市場的巨變挑戰

準備行銷學：隨時做好計劃、做好準備，就不怕外在環境與市場的巨變挑戰

一、計劃＋準備＝面對巨變挑戰

企業經營及企業行銷的最高準則之一，就是一定要做好萬全計劃與準備，才能快速、有效的應對環境的巨變。

圖67-1　計劃＋準備＝面對巨變挑戰

1.計劃 ＋ 2.準備 → 。快速、有效面對巨變挑戰

二、24種應變計劃與準備

而在行銷面，企業或品牌廠商必須提前做好如下圖示的24種應變計劃與準備，才是最妥當與安心的。

圖67-2　24種應變計劃與準備方案

1.價格準備、應變方案	2.通路準備、應變方案	3.產品準備、應變方案	4.廣告投放量應變方案
5.促銷應變方案	6.改裝應變方案	7.展店數應變方案	8.銷售人力應變方案
9.引進品牌應變方案	10.會員經營應變方案	11.成本應變方案	12.營運模式應變方案
13.多品牌／產品組合應變方案	14.門市店應變方案	15.線上＋線下OMO全通路應變方案	16.經濟景氣衰退應變方案
17.少子化／老年化應變方案	18.政府政策改變應變方案	19.資金準備應變方案	20.科技突破應變方案
21.物流應變方案	22.公益形象應變方案	23.代言人應變方案	24.網紅KOL行銷應變方案

黃金法則 68

瞬息萬變環境中的行銷因應6原則：快速、靈活、彈性、敏銳、前瞻、有效

瞬息萬變環境中的行銷因應6原則：快速、靈活、彈性、敏銳、前瞻、有效

企業或品牌廠商面對外部瞬息萬變環境中，應該秉持的行銷因應6大原則：

一、要更快速

天下武功，唯快不破；企業面對變局、變化、不利威脅，更應快速、快捷加以反應，減少桌上議論，儘快一天、二天內就要提出對策、方案並快速展開執行力，就去做。

圖68-1 「快速行銷」

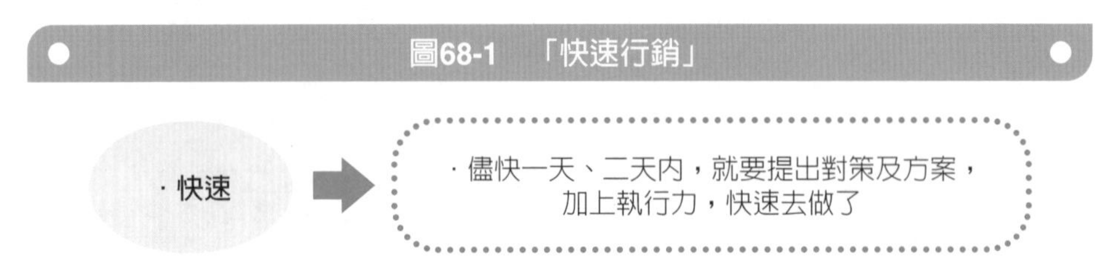

二、要更靈活

第2個原則，就是要靈活，切勿呆板、勿僵化、勿固執、勿保守、勿自我限制、勿固守範圍。靈活就是非常靈敏、巧思、活躍、跳躍。

圖68-2 「靈活行銷」

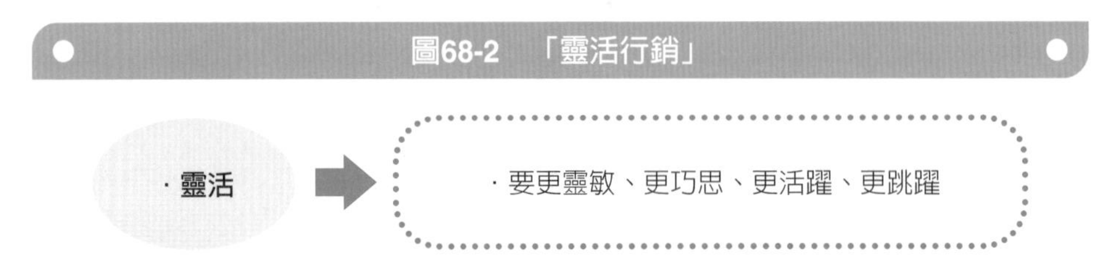

三、要更彈性

第3個原則，就是彈性要更大、更不受限、空間更大、變化更大、革新更大、伸展更大。

圖68-3 「彈性行銷」

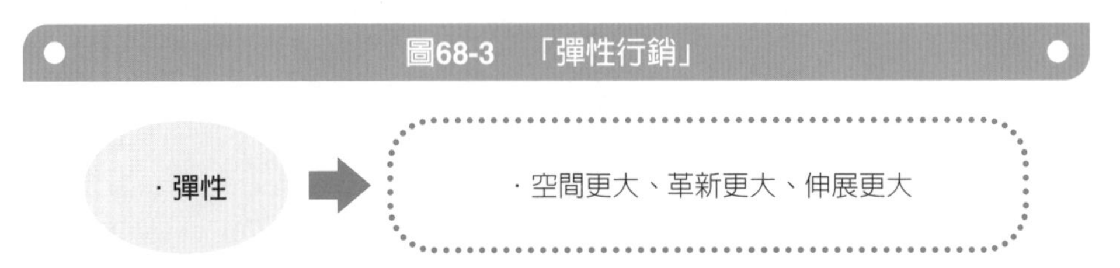

四、要更敏銳

第4個原則，就是要更靈敏，更銳利、更有嗅覺、更敏感、對市場變化及趨勢更敏銳、更洞悉、更洞察、更洞見。

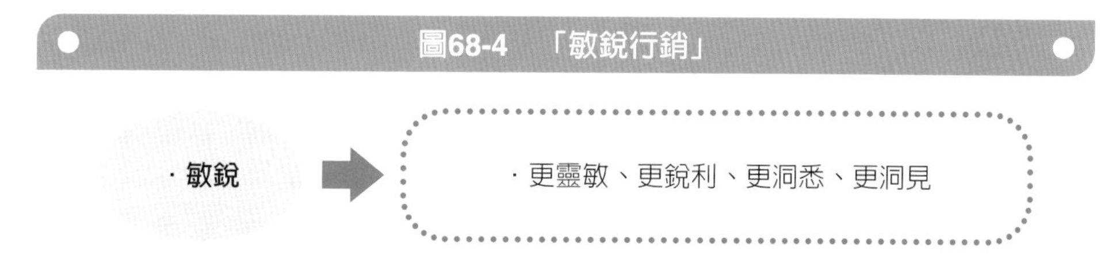

五、要更前瞻

1.對事情的判斷、2.對市場的變化、3.對環境的趨勢、4.對潛在新商機、5.對未被滿足的顧客需求、6.對競爭者動作、7.對技術升級等；更有前瞻性、更有高瞻遠矚、更有高度、更有廣度、更有遠度、更要做到「前瞻行銷」。

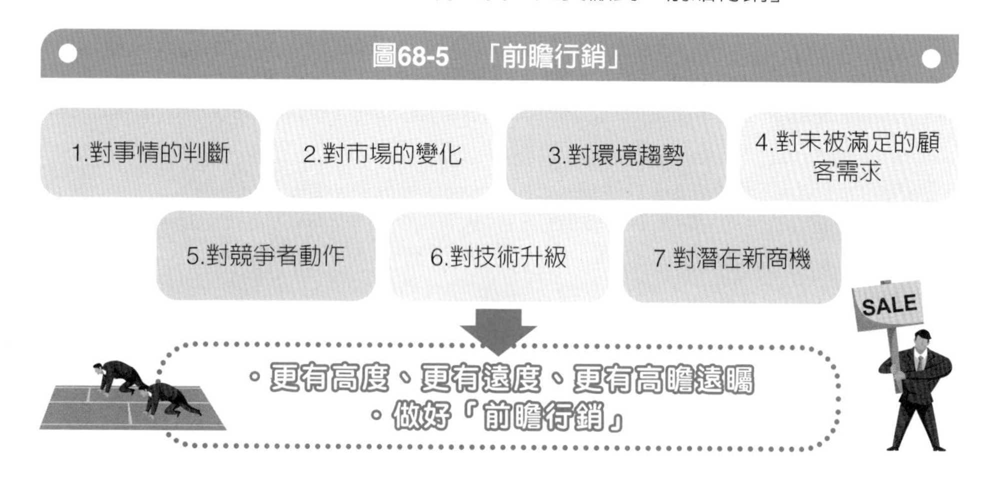

六、要更有效

最後一個原則，就是要有好的效果、成果出來，否則一切皆為枉然。因此，有效性非常重要。當然，效果也許不是一次就會出來，必須不斷的1.再調整、2.再改變、3.再優化、4.再做更好、5.再更換方向及作法，直到有效為止。

黃金法則68　瞬息萬變環境中的行銷因應6原則：
快速、靈活、彈性、敏銳、前瞻、有效

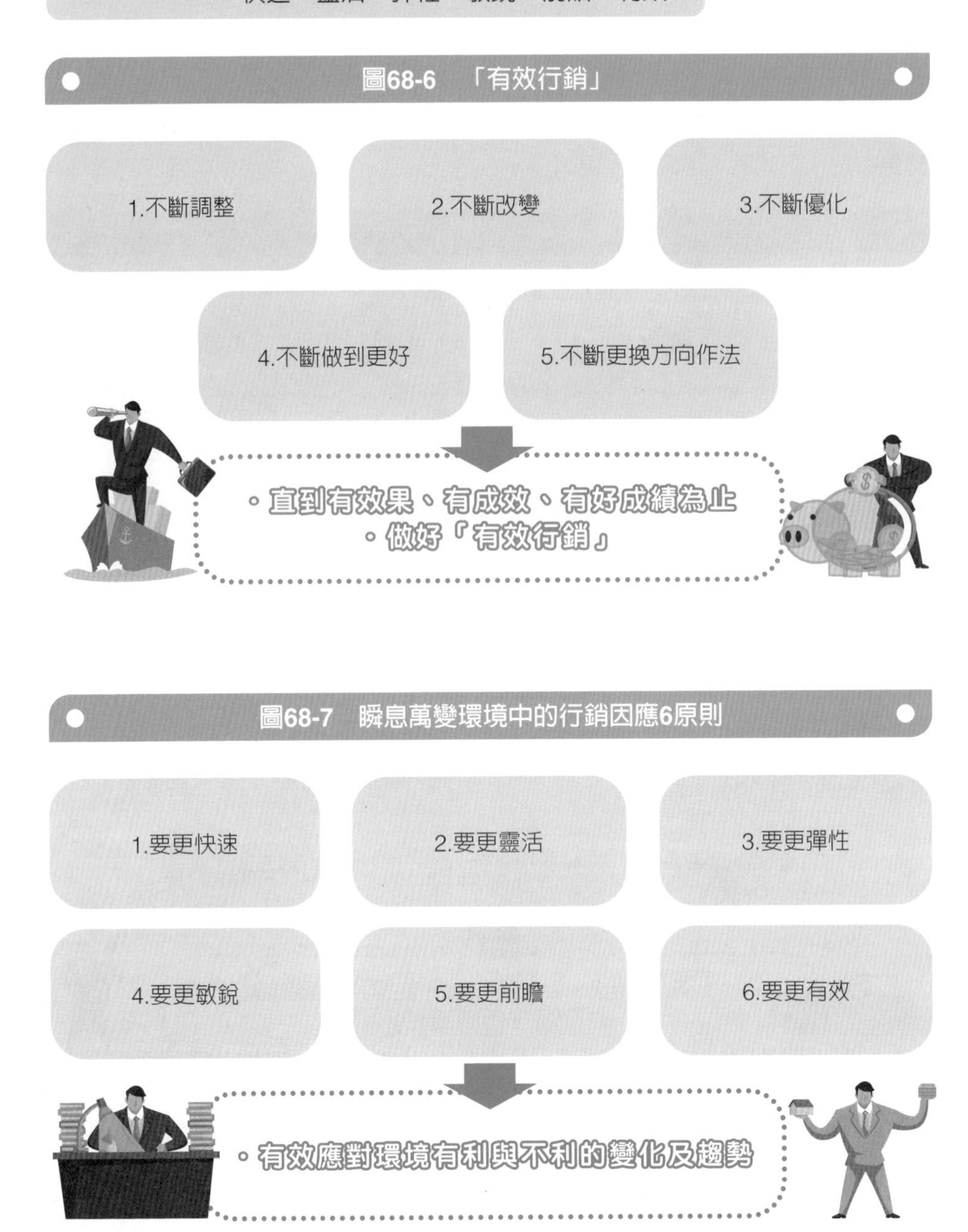

黃金法則69

電視廣告創意，要叫好又叫座，才算成功

電視廣告創意，要叫好又叫座，才算成功

一、電視廣告投放耗資多，要注重ROI

一個品牌的年度廣告預算，少則3,000萬元，多則上億元，故要注意到ROI（投資報酬率）是否理想，也就是，投放大量電視廣告後，在品牌力及業績力二者是否有較過去更加提升及成長。

二、叫好又叫座的電視廣告品牌

這幾年，有些品牌的電視廣告能夠達到叫好又叫座的案例，如下：OPPO手機、三星手機、CITY CAFE、中華電信、桂格養氣人蔘、全聯、台啤、LEXUS汽車、瑞穗鮮奶、柏克金啤酒、三得利保健品、原萃綠茶、麥當勞、天地合補、御茶園、專科保養品、花王Bioré、茶裏王、精工錶、娘家、補體素、老協珍、林鳳營鮮奶、克寧、雀巢、飛柔、海倫仙度絲、ONE BOY衝鋒衣、和泰汽車、光陽／三陽機車、普拿疼、好來牙膏、Panasonic、日立、大金、PP錶（百達翡麗錶）、DIOR、CHANEL、LG、SOGO百貨、屈臣氏、康是美、純濃燕麥、愛之味、蘭蔻……等。

三、如何做好電視廣告片（TVCF）製作？

1. 儘量找前十大知名廣告公司，其創意表現及製作能力均較佳，做出的廣告片也較有成效。
2. 品牌廠商自己要很清楚此次做廣告的目的為何？產品特色為何？需不需要找代言人？而廣告公司也要深入了解品牌廠商的產品、策略、市場現況、目標客群、競爭對手狀況等，雙方才會做出好的電視廣告片。
3. 廣告創意必須要不斷、充分的討論及修正，才會有最好的創意產生。
4. 應找最好的導演，才會有高水準的影片出來。
5. 叫好又叫座的電視廣告片，就消費者看了有感！有感之後，才會有記憶度、認知度、好感度、信任度及促購度。
6. 電視廣告在做之前與做之後，為慎重起見，應舉辦幾場消費者焦點座談會，聽聽顧客的看法，然後融入影片創意內。

7. 廣告公司要自許為品牌廠商的行銷夥伴，要為品牌商打造出一流的品牌力及業績力為目標，這樣才是成功的廣告公司。

圖69　做好電視廣告片（TVCF）製作7要點

1.找到真正會製作出具創意且又有效果的優良廣告公司

2.廣告公司必須深入了解產品、市場及消費者

3.經過不斷的討論及修正，產生出最好的創意

4.找最好的導演，拍出高水準的電視廣告片（TVCF）

5.電視廣告片，首要條件就是讓消費者看了有感

6.舉辦焦點座談會，聽聽顧客的聲音，再融入創意裡

7.廣告公司應成為品牌廠商的良好行銷夥伴（partner），而非製作廣告片而已。

做出：叫好又叫座的一流電視廣告片

MEMO

黃金法則 70

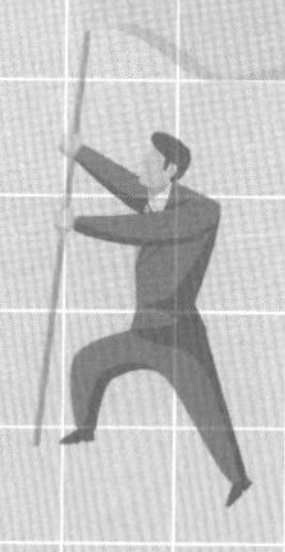

走在市場前端：才能引領風潮、創造新需求及拉高業績

走在市場前端：才能引領風潮、創造新需求及拉高業績

一、走在市場前端的重要性

企業及品牌廠商必須走在市場前端，是做行銷的一個重要成功法則，其功效具有三點，如下：

圖70-1 「走在市場前端」的三項功能

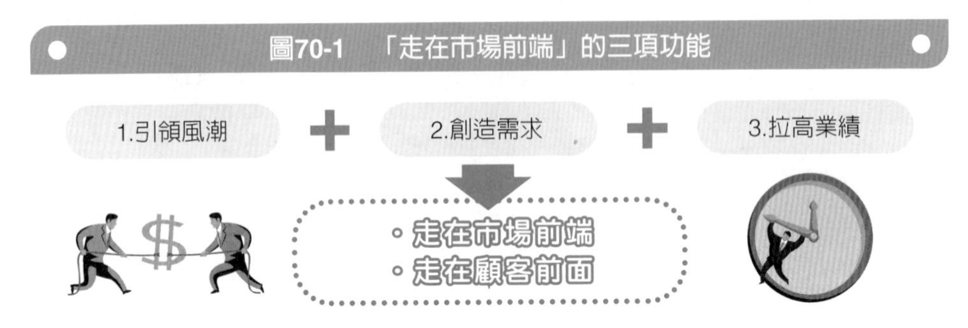

二、實踐「走在市場前端」的成功實例

茲列舉國內外過去十多年來，在經營面及行銷面都能「走在市場前端」的成功實例，以為見證，如下述：

（一）美國特斯拉（Tesla）電動車及中國比亞迪電動車

美國特斯拉是全球第一部上市銷售的電動車，引起全球注視，隨後中國比亞迪汽車公司也緊跟快速推出中國版的電動車；如今，這二家公司已成為全球銷售量排名第一及第二的電動車公司。由於全球減碳呼聲高，電動車已漸成主流車種，並創造出新車種的全球性需求，是一個很成功的「走在市場前端」的實例。

（二）美國iPhone 4G、5G手機在全球暢銷

美國Apple蘋果公司在2006年率先推出嶄新的iPhone 4G最新款手機，引起震撼，改變全世界通訊革命，帶給人們很大聯絡便利性，結果也暢銷了17年之久，從iPhone 1～iPhone 15，每年都改版、升級一次；iPhone新手機的成功，也把Apple公司的股價及企業市值拉到最高點。這就是「走在市場最前端」的成功典範。

（三）手機LINE通訊軟體創新出現

手機LINE通訊軟體在2008年創新出現，也帶給人們很大的群組、好友通訊

／貼圖的便利性及快速性。現在，LINE 提供了1.群組聯絡 2.貼圖樂趣 3.LINE Today即時新聞內容（圖片＋文字＋影響）4.LINE 購物 5.LINE Pay 6.LINE Point 7.LINE Music 8.Line TV（影視／影片）等，非常多元化／手機行動化的極佳功能，真是創新的商業模式。這也是「走在市場前端」極佳成功實例。

（四）全聯超市快速成為國內第一大連鎖超市

全聯短短25年內，即拓展全台1,200家連鎖超市，成為國內第一大超市零售業者，它的平價及據點多的便利性，是它成功的2大基因。這也是「走在市場前端」很好的成功典範。

（五）統一超商持續展店及創新領先，確保國內第一大超商連鎖店

統一超商成立36年來，每年都持續展店，迄今，已高達6,700店之多，全台到處都可看到7-11便利商店的招牌。此外，統一超商不斷領先創新，包括：開大店模式、設立店內餐桌椅、率先推出平價CITY CAFE、率先推出貨到店取、不斷革新鮮食便當／麵食／小火鍋、推出OPEN POINT紅利點數、會員制、以及各種重大節慶促銷活動等，都是「走在市場前端」的成功實例。

（六）SOGO百貨取得台北大巨蛋館經營

SOGO百貨在2024年正式開幕經營的台北大巨蛋館，坪數高達4.2萬坪之大，相當於3個百貨公司之大，也是「走在市場前端」的成功實例。

（七）momo電商，全台24小時送到貨，成為第一名電商

富邦momo電商公司成立17年來，投資數百億元，在全台設立33個大型及中型的倉儲物流中心，使能在全台24小時內，都能快速將訂購商品宅配送到家或送到家附近的便利商店。加上momo電商品項多達300萬個品項，選擇性高，而且非常平價／低價，因此，終成全台業績第一大電商網購公司，2022年營收額已突破1,000億元，超過新光三越的880億元、超過遠東百貨的550億元、超過SOGO百貨的480億元。momo的成功，也顯示出它「走在市場前端」的堅持精神。

（八）餐飲集團：王品／瓦城／饗賓／胡同／豆府／乾杯／築間／欣葉／漢來／八方雲集

近五年來，國內「走在市場前端」很成功的行業之一，就是餐飲業。上述這八家餐飲集團創造、創新、革新、引進了數十種的好吃餐飲到市場上，創造出國內一年高達7,000億產值的餐飲業。這些各式各樣好吃餐飲包括：吃到飽自助餐

廳、燒肉店、火鍋店、韓式餐廳、泰式餐廳、中式餐廳、麵食店、西式餐廳……等，非常多樣化、多元化新口味，好吃又體驗良好；可以說是「永遠走在市場最前端」的極佳實踐者。

（九）三井Outlet大型二手名牌精品購物中心

近五年來，日本三井不動產公司，在台灣新北市林口、台中市、台南市，打造出三個大型Outlet二手名牌精品購物中心，年營收超過175億元，此種購物中心也是新創模式。此外，三井公司又在台北、台中、高雄開展出三個大型LaLaport購物中心，也是大型購物中心（shopping mall）。這些都是國內零售百貨業的領先創造之舉。

（十）大樹／杏一連鎖藥局嶄新出現

近年來，國內嶄新出現的新型連鎖店，那就是大樹及杏一連鎖藥局店，這是因應國內老年化／高齡化時代來臨，冒出來的成功連鎖店新業種。過去，一直是藥妝連鎖店，例如：屈臣氏、康是美。但現在把美妝店及藥店拆成兩個獨立連鎖店型態，也是一種「走在市場前端」的成功實例。

（十一）Dyson高端、高價家電成功切入市場

近年來，來自英國的高價品牌家電Dyson，成功切進國內高價家電市場，包括：Dyson吸塵器、空氣清淨機、吹風機……等，也是一種創造需求、引領風潮的成功實例。

（十二）各式手搖飲業大幅出現

近五年來，各式珍奶、水果飲、茶飲等連鎖店大量出現，包括：大苑子、清心福全、50嵐、珍煮丹、CoCo都可……等手搖飲連鎖店；也是一種「走在市場前端」，創造消費需求的成功實例。

（十三）休旅車及進口車業大幅成長

近幾年，在國內汽車業成長快速的現象，就是：休旅車及歐洲進口車大幅成長，創造出對新車種的市場新需求；也是代理車業者們，前瞻性的「走在市場前端」而打造出汽車市場新需求。

（十四）保健食品業者看到潛在新商機

由於老年化市場快速擴大，很多業者超前迅速提供各式保健食品，包括：葉黃素、魚油、維他命、益生菌、大紅麴、營養補給飲、補肝品、人蔘飲、滴雞

精、熬雞精……等。這些業者也是「走在市場前端」，超前創造出市場新需求，且帶動風潮。包括：桂格、白蘭氏、台塑生醫、娘家（民視）、善存、大研生醫……等諸多公司。

（十五）社區診所大幅崛起

由於大量民眾對附近醫療拿藥的需求，因此，近五年來，在台北及新北市，有大量社區私人診所的崛起，包括：皮膚科、耳鼻喉科、腸胃科、眼科、婦產科、小兒科……等在社區馬路邊大幅增加。這也是醫生們「走在市場前端」，創造民眾就診方便、快速的優點及需求。

（十六）台積電技術及良率超前

全球第一名的先進及成熟晶片研發／製造公司台積電，長期以來，都以「走在市場前端」的領先精神，獲取技術及製程良率領先全球，近年來，持續投入「走在市場前端」的先進5奈米、3奈米、2奈米、1奈米的尖端、先進晶片而突破前進，因而持續擴張其營收、獲利及市占率。

（十七）FB、IG、Youtube社群平台崛起，改變媒體產業及廣告產業

近十多年來，美國的FB（臉書）、IG、Youtube三大社群平台的領先創新成功，打造出全球新興媒體及廣告產業，影響了全世界的消費者。

這是美國臉書（Meta）公司及Google（谷歌）科技公司「走在市場前端」所創造出來的新媒體、新產業、新市場需求。

三、如何做好、做到「走在市場前端」、創造市場新需求之6大要點

（一）成立「走在市場前端聯合小組」的專責組織及成員

首先，品牌廠商及企業應調集：商品開發部、研發部、營業部、行銷企劃部、製造部（或委外製造商）等6個部門，組成聯合小組，調派專責成員，專責此項工作任務，才有成功機會。

（二）每年訂定目標及工作計劃

第2個，就是此小組，在每年年初1月時，就必須討論訂好：『走在市場前端年度計劃報告書』，依此計劃書，全力加以落實推進進度。

（三）下手四大需求方向

此工作聯合小組，其下手方向及指南針，就是全方面性的洞悉及掌握4大需求方向：

1. 顧客潛在的需求。
2. 顧客未來性的需求。
3. 顧客未被滿足的需求。
4. 顧客追求更美好生活的前瞻需求。

（四）及時獎勵專案小組

對於有成果、成效的專案小組成員及團隊，必須及時給予獎金鼓舞士氣及肯定他／她們的貢獻。

（五）必須做好前瞻環境變化

專案聯合小組必須能夠提前偵測及洞悉到外部大環境及大市場的變化、趨勢及走向，才能夠做好「走在市場前端」的工作。

（六）做好八大研究面向

最後，聯合小組必須做好下列圖示的研究面向（圖70-4）：

圖70-2　「走在市場前端」創造需求，引領風潮的成功實例

1.美國Tesla（特斯拉）及中國比亞迪電動車	2.美國iPhone 4G、5G手機在全球暢銷	3.手機LINE通訊軟體的創新出現
4.全聯超市快速展店成為第一大連鎖超市	5.統一超商持續展店及多項創新領先	6.SOGO百貨取得台北大巨蛋館經營權
7.momo電商全台24小時快速到貨，成為第一名電商	8.餐飲集團大量、快速擴店並推出各式餐飲口味	9.三井Outlet打造大型二手名牌貨購物中心
10.大樹／杏一連鎖藥局嶄新出現	11.Dyson高價位家電成功切入市場	12.各式手搖飲業大幅出現
13.休旅車及進口車大幅成長	14.保健食品業者看到潛在新商機	15.社區診所大幅崛起
16.台積電技術及良率超前	17.FB、IG、YT三大社群平台崛起，改變媒體產業及廣告產業	

圖70-3 走在市場前端的四大顧客需求方向

1.顧客潛在需求 ＋ 2.顧客未來性（1～5年）的需求 ＋ 3.顧客未被滿足的需求 ＋ 4.顧客追求更美好生活的前瞻需求

・落實永遠走在市場前端、走在顧客前面

圖70-4 「走在市場前端」的八大研究面向

1.環境變化面向研究。	2.市場走勢面向研究。	3.消費者需求面向研究。	4.技術演變面向研究。
5.產品需求面向研究。	6.設計面向研究。	7.商業模式面向研究。	8.廣告宣傳面向研究。

圖70-5 如何做好、做到「走在市場前端」、創造市場新需求之6大要點作為

1.成立「走在市場前端聯合小組」的專責組織及成員

2.每年訂定目標及工作計劃書

3.從四大需求面下手

4.及時獎勵專案小組

5.必須做好前瞻環境變化

6.做好八大面向研究

・有效落實、做好、做成功「走在市場前端」的工作任務

MEMO

黃金法則 71

差異化／特色化行銷

- 行銷突圍成功的不二法門
- 品牌後發先至的切入點

差異化／特色化行銷

一、差異化／特色化行銷成功的案例

茲列舉下列過去幾年來，能夠以「差異化」、「特色化」行銷成功各種大品牌、小品牌案例如下：

（一）牙膏品牌

1. 舒酸定以「抗過敏性牙膏」為其差異化特色而成功。
2. 德恩奈以「夜用型牙膏」、「兒童用牙膏」為其差異化特色而成功。

（二）蛋捲品牌

「海邊走走」及「青島．旅行」二個小品牌，以包餡蛋捲為其差異化特色而成功。年營收均達1億元，小品牌不容易。

（三）鮮奶品牌

鮮乳坊以最好的乳源為其差異化特色而成功。

（四）爆米花品牌

「丹尼船長」品牌以多元化口味及網路銷售為差異化特色而成功，目前，年銷售額為2億元，小品牌不容易。

（五）進口高檔家電品牌

Dyson以來自英國的高價且精品級家電為訴求及差異化特色而成功。

（六）機車品牌

三陽機車今年以「新迪爵」機車品牌推出，由於它能：省油、有力、耐騎，而成為銷售第一名機車，此亦其差異化特色而成功。

（七）洗衣機品牌

韓國進口的LG（樂金）推出洗衣／烘乾二種功能於一體的洗乾衣機的差異化特色而成功。

（八）餐飲品牌

1. 豆府餐飲：以引進韓式口味為特色而成功。
2. 瓦城：以泰式口味為特色而成功。

3. 胡同／乾杯：以燒肉為差異化特色而成功。

4. 欣葉／饗食天堂：以吃到飽、中價位自助餐為差異化特色而成功。

（九）政論節目品牌

TVBS 56台以「趙少康戰情室」政論節目，形成TVBS新聞台差異化特色。

（十）雞精品牌

老協珍以「熬雞精」，而不是「滴雞精」為差異化特色而成功。

（十一）瓶裝茶飲料品牌

原萃綠茶以雲霧工法及引進日本綠茶原料，加上藝人阿部寬代言，而形成差異化特色成功。

（十二）蛋糕品牌

亞尼克以「蛋糕捲」形成它的差異化特色而成功。

（十三）便利商店品牌

統一超商以大店化、特色店、複合店，形成它近幾年來的展店差異化特色而成功。

（十四）百貨公司

SOGO百貨忠孝店最早以引進日本產品展／食品展活動而差異化特色成功。

（十五）大型Outlet購物中心

日本三井不動產，近五年來，大量在台灣建立大型Outlet二手精品購物中心及「LaLaport」為名的大型最新購物中心，都引起轟動，而且生意很好；此乃三井公司的差異化特色。

（十六）超市業

全台最大的超市連鎖店，近幾年來推出其自有品牌，包括：阪急麵包專區、We Sweet甜點、蛋糕專區、美味屋滷味、小菜專區，形成全聯的差異化特色而成功。

（十七）保健食品品牌

1. 娘家（民視）最先推出大紅麴保健食品，形成其差異化特色。

2. 日本的三得利，在台灣以大量證言式廣告轟炸，品牌曝光率極高，形成其差異化特色。

（十八）國外汽車業

保時捷以高檔、跑車型為其差異化特色而成功。

（十九）手搖飲品牌

1. 珍煮丹以珍珠奶茶為其差異化特色而成功。
2. 大苑子以水果飲料為其差異化特色而成功。

（二十）大學

世新大學以傳播學院最有名，形成特色大學而成功。

（二十一）商業雜誌

《商業周刊》及《今周刊》，均以每週財經／企業經營深入新聞報導為特色而成功。

（二十二）飲料

愛之味率先推出新型的「純濃燕麥」品牌而暢銷。此飲料有別於一般的果汁飲料及茶飲料。

（二十三）果菜汁品牌

波蜜以集中在蔬果菜汁飲料，為其差異化特色而成功。

（二十四）洗髮精品牌

P&G海倫仙度絲以專門針對頭皮屑洗髮功能，為其差異化特色而成功。

（二十五）牙刷品牌

Oral-B推出電動牙刷為其差異化特色而成功。

（二十六）電動車品牌

美國特斯拉（Tesla）率先推出電動車而形成差異化特色而成功。

（二十七）機能外套品牌

ONE BOY品牌率先推出冬天防雨、防寒的機能外套而形成其差異化特色成功。

二、從哪些面向著手差異化、特色化行銷？

品牌廠商或企業可從下列18個面向，推動自己產品及品牌的差異化、特色化：

圖71-1 廠商執行差異化、特色化的18個可行面向

1.從不同口味著手	2.從不同配方著手	3.從不同功能／功效著手
4.從不同原物料等級著手	5.從不同包裝著手	6.從不同外觀／內裝著手
7.從不同工法、製造方法、製造設備著手	8.從不同品質等級著手	9.從不同技術著手
10.從不同使用型態／使用時間著手	11.從不同耐用度、壽命度著手	12.從不同名人、藝人代言著手
13.從引進不同品牌著手	14.從不同營運模式著手	15.從不同特色點、訴求點著手
16.從不同顧客要求著手	17.從不同設計、色系著手	18.從不同廣告宣傳手法著手

- 成功推動產品、品牌、服務的差異化特色
- 用差異化進擊市場

三、差異化、特色化的7大優點及好處

茲列舉品牌廠商執行差異化、特色化行銷策略的7大優點及好處：

圖71-2 品牌廠商推動差異化、特色化的7大優點及好處

1. 比較容易成功切入利基市場，避開與大品牌相競爭
2. 比較容易訂定較高價格
3. 比較容易在顧客心中突顯出來
4. 比較容易爭取到實體通路上架
5. 比較容易產生後發品牌先至的生存條件
6. 比較有廣告宣傳的訴求重點
7. 比較容易在小眾市場成功生存

MEMO

黃金法則 72

KOL/KOC最新趨勢

- 「KOS銷售型網紅」操作大幅崛起
- 「KOS銷售型網紅」操作正當道

KOL/KOC最新趨勢

一、KOS的5種類型

近二、三年來，網紅行銷操作的模式，已大幅轉向「銷售型」（KOS，Key Opinion Sales）操作，也是一種「結果型」、「績效型」的操作目的。從實務來看，KOS操作的類型，主要有5種模式，如下：

（一）促購型貼文／短影音

也就是一種貼文＋促銷活動連結網站的方式。

（二）團購型貼文／短影音

即是一種限時間、限期限的團購＋折扣的貼文或短影音呈現方式。

（三）直播導購

即是一種直播型網紅在每週固定時段的直播＋下訂單帶貨的呈現方式。

（四）與實體百貨商場合作促銷帶貨

即是一種網紅與實體百貨公司合作，在某一層樓特賣會上，KOL或KOC本人會出現，以吸引其粉絲們前來實體百貨商場買東西的操作方式。

（五）與KOL合作推出聯名商品

即是便利商店與知名KOL合作，推出聯名鮮食便當或產品。

例如：全家與滴妹、古娃娃、千千、金針菇……等網紅，合作推出鮮食便當。

二、KOS操作的目的及效益：帶動業績力

KOL/KOC的行銷操作大幅轉向KOS操作的原因，主要是中大型品牌廠商認為：他們的品牌知名度／印象度已經很夠了，不需要再借助網紅來帶動「品牌力」，而是要帶動「業績力」。KOS操作的目的及效益有幾點：

1. 為業績銷售，帶來具體幫助。
2. 轉向「結果型」、「績效型」、「業績型」的網紅行銷操作，才是最有意義、最有效的行銷操作。

三、網紅行銷操作三階段：KOL→KOC→KOS

近五年來，網紅行銷的崛起及操作，大致可區分為三個階段，如下：

（一）第一階段：KOL階段

此階段，就是中大型KOL或YouTuber網紅崛起，品牌廠商與他／她們合作貼文或短影音，主要目的是：推薦產品＋打造品牌知名度及印象度。

此階段，以提升「品牌力」為目標。

（二）第二階段：KOC階段

第二階段，近二、三年來，粉絲數從3,000人～1萬人之間的KOC微網紅（素人網紅）大量出現，KOC總計人數已突破13萬人之多，而且他／她們與粉絲們的信賴度、親和力、互動率則更高。因此，此階段品牌廠商就與數十位KOC一起合作，以「打造品牌力」＋「創造業績銷售」並重模式操作。

（三）第三階段：KOS階段

近一、二年來，不管是KOL或KOC，品牌廠商全都朝向與他／她們合作，創造銷售業績為目標，即就是進入了KOS階段了。

四、品牌廠商想要的3大目的／目標／效益

實務操作上看，品牌廠商與各領域KOL/KOC合作的目的／目標，其實只有3項：

（一）打造／提升品牌力

包括提升品牌的高知名度、高印象度、高好感度及高信賴度。

（二）吸引新客群

各領域KOL或KOC，都有他／她們吸引人的粉絲群們，這些人可能並不是本公司、本品牌的消費客群，如能透過KOL/KOC的推薦及折扣優惠，而能訂購本公司產品，那就是增加了本公司、本品牌的新的客群了，這也是重要的一點。

（三）創造銷售業績

最後一點，品牌廠商做了這麼多事情，其最終的一個目的，就是希望透過KOL/KOC的KOS操作，能有效為本公司及本品牌創造出每一波操作的銷售業績出來。

五、KOS操作的「組合策略」

找網紅銷售的組合策略，主要可區分為3種；如下：

（一）KOL＋KOL策略

即找2～5個大網紅，分別在不同領域、專業的大網紅，來操作KOS。

（二）KOL＋KOC策略

即找一個大網紅，再搭配數十個（10個～50個）KOC微網紅，來操作KOS。

（三）KOC策略

即找數十個KOC微網紅，來操作KOS。例如：

每一個KOC，可賣100個商品，乘上30個KOC，則當週就可賣3000個商品；若乘上4週，則每個月就可以賣掉1.2萬個商品了。

六、如何成功操作KOS之15個注意要點

品牌廠商在真正專案推動KOS（網紅銷售）時，應注意做好下列15要點：

（一）找到對的KOL/KOC

做好KOS，第一個注意點，就是要找到對的、好的、契合的、會有效果的、與粉絲互動率高、且有銷售經驗的KOL或KOC均可。

當然，有的KOL或KOC，是否會銷售，必須試過後才知道；另外，有些KOL或KOC則已經很有銷售成果與經驗，我們可以優先找這些對象試試看。這一點，我們也可以找外面專業的網紅經紀公司協助，他們有比較豐富的KOL/KOC資料庫，可以較有效率去搜尋。

（二）親身使用，具見證效果

KOL/KOC進行KOS之前，一定要自己親身使用過，並覺得產品不錯，才能說出具有見證性、親身使用過的好效果出來；對此產品的功能、好處、優點、使用方法……等，都必須讓粉絲們有所感動，並認同網紅們的推薦及銷售；否則，會讓粉絲們覺得這只是一場商業性的推銷而已，而不會觸動他／她們的訂購慾望及動機。

（三）足夠促銷優惠誘因

既然是KOS，那品牌廠商就必須提出足夠的折扣誘因或優惠誘因；例如，全面6折優惠價、全面買一送一、滿千送百、滿額贈禮（贈品五選一）、買二件五

折算等，KOS若沒有足夠促銷真實誘因，恐是很難銷售的。

品牌廠商應有如此想法，即：不必在意第一次KOS，因促銷低價，沒賺錢或賺很少錢；而是應放眼在：如何增加新的潛在顧客群，以及他／她們未來的第二次、第三次忠誠回購率的產生好效果。

如能達成這樣的目標，那麼第一次KOS沒賺錢就值得了。

（四）飢餓行銷

KOS的推動，必須仿效有些電商平台及電視購物業者，他們經常採取「限時」又「限量」的飢餓行銷模式，以觸動消費者內心趕快下訂的心理作用，而不要讓銷售檔期的時間拖太長、太久。

（五）搭配重要節慶、節令進行

推動KOS，最好能搭配國人所熟悉的節慶、節令進行；例如：週年慶、母親節（媽媽節）、春節、中秋節、端午節、聖誕節、情人節、爸爸節、女人節、兒童節、清明節、開學祭、中元節……等；其銷售效果會更好一點，因為，此節慶期間，消費者的消費購買內心需求及動機，會比較高一些，有助KOS推動。

（六）貼文＋短影音並用

推動KOS，最好與合作的KOL/KOC對象先做好溝通，希望他／她們儘可能採用「靜態貼文＋動態短影音」並用方式，以提高粉絲們有更多樣化的訊息接觸及感受。

（七）標題、文案、影音，必須吸引人看

推動KOS的貼文及影音，必須特別注意到：它們的主標題、副標題、文案內容、圖片及畫面影響……等，均必須以能夠吸引人去看、而且看完、而且能產生共鳴、而且能觸動粉絲們的購買動機與慾望等為最高要求。

很多貼文或短影音，不能吸引人去看及看完，且看完後，沒有任何感覺，也沒有心動，那就是失敗的貼文及失敗的短影音，整個KOS也會失敗的。

（八）給予高的分潤拆帳比例

品牌廠商對於KOL/KOC在進行KOS時，必須注意到，公司應儘可能給KOL/KOC更高的分潤拆帳比例，以更激勵他／她們更盡心盡力去撰寫貼文及製作短影音。一般業界實務上的分潤比例是，依照銷售總金額的15%～25%之間，在此範圍內，品牌廠商應給予合作的KOL/KOC，有較高比例的分潤可得。例如：可採用階梯式向上的分潤比例。舉例來說，例如：10萬～20萬銷售分潤給予15%；20萬～30萬銷售分潤給予20%，30萬～50萬銷售分潤給予25%。

（九）觀察品項的銷售狀況

推動KOS，還必須注意到公司那些品項比較能賣得動、那些賣不動的狀況，儘量去推那些賣得動的品項，以求事半功倍。

（十）回函感謝

推動KOS，必須注意到，對於每一位下訂單的粉絲們，基於公司的禮貌及態度，必須給予每一位訂購者感謝回函，包括：用手機簡訊或用e-mail傳送……等；這些禮貌行動都必須做好、做到位，才會引起粉絲們的好感。

（十一）篩選出長期合作夥伴

品牌廠商可以從多次的KOS合作中，觀察及篩選出那些的KOL/KOC是比較具有戰鬥力及比較有好銷售效果的。這些KOL/KOC就可以納為我們公司的長期合作網紅夥伴，公司必須建立這種重要資料庫。

（十二）親自到百貨賣場，與粉絲見面

有些品牌廠商更是推出在實體百貨賣場的KOS，藉由粉絲們都想親自看到KOL/KOC本人，因此，推動這種在百貨賣場的特惠價銷售模式，也可以提高KOS的銷售業績結果。

（十三）邊做、邊修、邊調整，直到最好

KOS的推動，應該秉持著邊做、邊修正、邊調整、邊改變，以及直到最好的原則及精神，最後必會成功推動KOS，為公司增加一個新的銷售業績的管道來源。

（十四）成立專案小組，專責此事

品牌廠商應該從行銷企劃部及營業部，抽出幾個人，專心成立「KOS推動促進小組」，專心一致、專責此事，才會真正做好KOS。所以，專責、專人推動KOS是很重要的。

（十五）把下單粉絲，納入會員經營體制內

最後，品牌廠商應該把每一次KOS操作的下單粉絲及新客群，納入在公司正式的會員經營體制內，認真對待好這些新會員們。

七、KOL/KOC的收入來源分析

KOL/KOC在操作KOS時，主要的收入來源有二種，如下：

（一）單次固定收入

包括：

1. 一篇貼文給多少錢。
2. 一支短影音製作費給多少錢。

（二）分潤拆帳收入

每次／每波段的銷售收入，乘上15%～25%的分潤率，即為拆帳收入。

（三）代言收入

即代言期間（通常為一年，即年度品牌代言人），給予多少代言人費用。

（四）聯名商品收入

即每個月或每季或每半年期間，聯名商品銷售總收入，乘上分潤率，即為分潤總收入。

八、對KOS專責小組的效益評估指標

品牌廠商成立KOS推動專責小組之後，每年度必須對此專責小組進行效益評估，而評估的指標項目，包括：

（一）最終指標

1. 今年內，創造多少銷售業績，或達成率是多少。
2. 今年內，增加多少新客群總人數。
3. 今年內，品牌知名度、印象度、好感度提升多少比率。

（二）過程指標

1. 平均每次及年度總觸及人數。
2. 平均每次及年度總互動人數及互動率提升多少。
3. 平均每次觀看人數及觀看率。

九、操作每一次KOS的數據化成本／效益評估分析

品牌廠商應該針對每一次的KOS操作，提出成本／效益分析，其計算公式：

（一）費用支出：

1. 每篇貼文費用
2. 每支短影音製作費用
3. 每次分潤拆帳費用
4. 專責小組人員薪資費用
5. 產品寄送快遞費用

合計：總費用

（二）收入：

1. 每次訂購總收入
2. 毛利率
3. 總收入×毛利率＝總毛利額收入

（三）獲利：

本次總毛利額收入－本次費用支出＝本次獲利額

十、在KOS執行中，邊修、邊改、邊調整的12個事項

前述說過，KOS的執行，不可能第一次就做得很成功、很完美、得100分；相反的，品牌廠商及專責小組，必須在執行過程中，不斷的加以修正、改變及調整，才會愈做愈好，而主要的調整、改善事項，大概有12個事項，值得加以留意：

1. KOL/KOC的個人適合性調整。
2. 產品品項／品類適合性調整。
3. 貼文文案內容及標題的調整。
4. 短影音製拍內容及品質的調整。
5. 優惠價格、優惠折扣的調整。
6. 分潤拆帳比率的激勵性調整。
7. 貼文／短影音上各種社群媒體平台及時間點合適性調整。
8. KOL/KOC個人話術表現的調整。
9. 飢餓行銷方式的調整。
10. 搭配促銷節慶／節令檔期的調整。
11. KOL/KOC操作第二次、第三次的時間輪替調整。
12. 對KOL/KOC支付分潤拆帳費用時間的提前調整。

第二篇　附錄篇

附錄1　行銷致勝完整架構圖及17項最核心重點（戴國良老師）

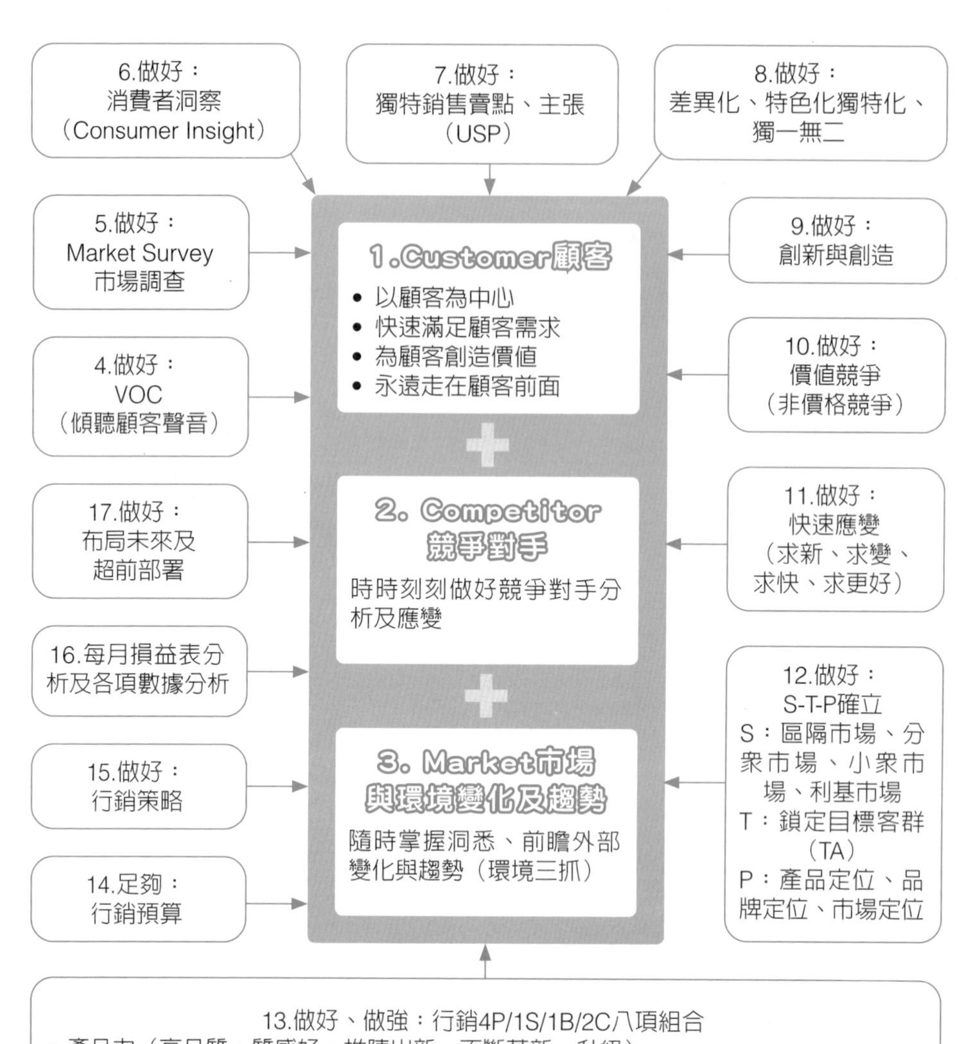

13.做好、做強：行銷4P/1S/1B/2C八項組合

- 產品力（高品質、質感好、推陳出新、不斷革新、升級）
- 定價力（高CP值、高性價比、物超所值感）
- 通路力（虛實通路上架）
- 推廣力（廣告力、宣傳力、媒體報導力、促銷力、銷售人力組織力、公關力、社群粉絲力、口碑力）
- 服務力（好口碑、服務快又好）
- 品牌力（知名度、喜愛度、信賴度、忠誠度）
- CSR力（企業社會責任力）
- CRM力（會員經營力）

附錄2 做好、做強：行銷4P/1S/1B/2C八項組合完整架構圖示（戴國良老師）

1.產品力（product）
- 高品質、好品質、質感好
- 不斷推陳出新、開發新產品
- 不斷改良、升級產品
- 功能強大、好用、耐用
- 研發領先、技術領先
- 品質管控嚴謹
- 產品組合完整

2.定價力（price）
- 高CP值、高性價比
- 有物超所值感
- 滿足廣大庶民大眾
- 有划算感、值得感

（一）優秀人才團隊
- 研發部
- 商品開發部
- 採購部
- 設計部
- 營業部
- 行銷部
- 客服部
- 門市部
- 製造部
- 物流部
- 品管部

打造一支快速的、敏銳的、彈性的、進步的、傾聽顧客聲音的、有能力的、超越競爭對手的高績效組織團隊及戰鬥型組織

→ **（二）同時、同步、用心做好做強：行銷4P/1S/1B/2C八項組合** →

（三）不斷拉高顧客的滿意度
- 快速滿足顧客需求及欲望。
- 解決顧客生活痛點。
- 帶給顧客更美好的生活、更健康生活。
- 掌握顧客變動中及潛在中的需求脈動
- 為顧客創造更多價值及利益所在

3.通路力（place）
- OMO（虛實通路均能上架）
- 方便、快速、24小時買得到
- 賣場陳列空間大、位置佳

4.推廣力（promotion）
- 電視及網路廣告做得好
- 促銷活動成功
- 藝人代言成功
- 社群粉絲經營成功
- 銷售人力組織強大
- 媒體報導多

5.服務力（service）
快速、完美、貼心、親切、有禮貌、能解決問題、長時間、有口碑的售前、售中、售後服務

6.品牌力（branding）
- 不斷提升品牌知名度、喜愛度、指名度、信賴度、忠誠度、黏著度、情感度
- 累積品牌資產價值
- 邁向領導品牌之一

7.CSR（企業社會責任力）
- 注重環保、關懷及贊助社會弱勢
- 做好公司治理

8.CRM（顧客關係管理力）
- 注重會員關係經營
- 區別VIP貴賓會員經營
- 長期鞏固會員良好關係

附錄3　成功行銷知識的16大科目圖示（戴國良老師）

成功行銷經理人、行銷總監、行銷協理、
行銷副總經理、行銷總經理

1. 行銷學
2. 定價學
3. 產品管理學
4. 通路管理學
5. 廣告學
6. 公關學
7. 市場調查學
8. 數位行銷學
9. 媒體企劃與媒體購買學
10. 行銷企劃撰寫
11. 整合行銷傳播學
12. 媒體學
13. 消費者行為學
14. 營業管理學
15. 設計美學
16. 品牌經營學

國家圖書館出版品預行編目資料

超圖解行銷致勝72個黃金法則/戴國良著. --
初版. -- 臺北市 : 五南圖書出版股份有限公
司, 2024.05
面 ; 公分
ISBN 978-626-393-187-9(平裝)
1.CST: 行銷學 2.CST: 行銷案例
496 113003526

1FSX

超圖解行銷致勝72個黃金法則

作　　者— 戴國良
發 行 人— 楊榮川
總 經 理— 楊士清
總 編 輯— 楊秀麗
副總編輯— 侯家嵐
責任編輯— 侯家嵐
文字編輯— 陳威儒
內文排版— 張巧儒
封面完稿— 姚孝慈
出 版 者— 五南圖書出版股份有限公司
地　　址：106台北市大安區和平東路二段339號4樓
電　　話：(02)2705-5066　　傳　　真：(02)2706-6100
網　　址：https://www.wunan.com.tw
電子郵件：wunan@wunan.com.tw
劃撥帳號：01068953
戶　　名：五南圖書出版股份有限公司
法律顧問　林勝安律師
出版日期　2024年 5 月初版一刷
定　　價　新台幣 500 元

經典永恆・名著常在

五十週年的獻禮——經典名著文庫

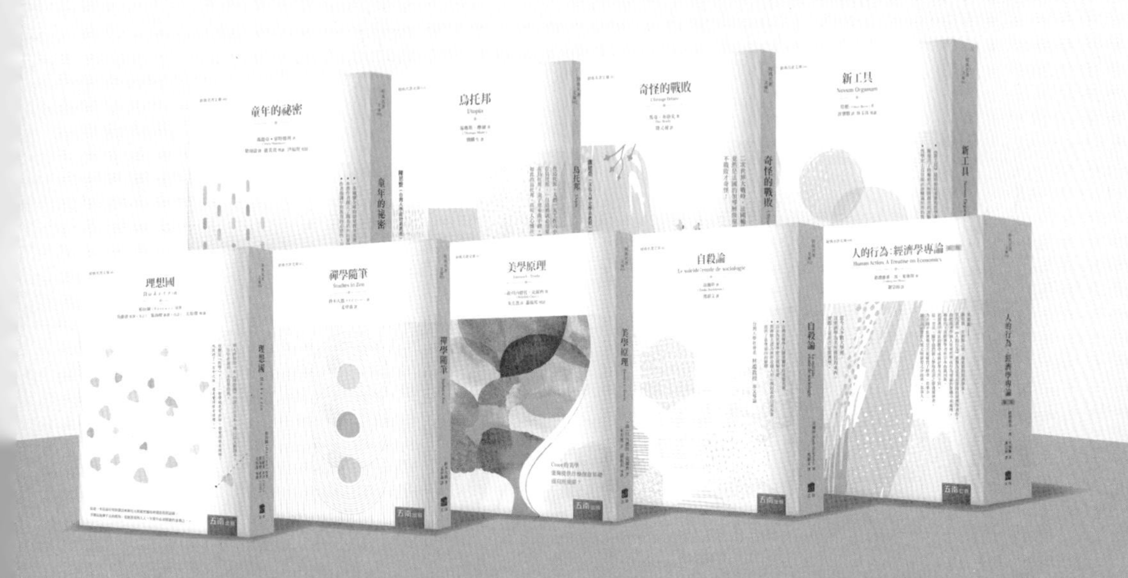

五南，五十年了，半個世紀，人生旅程的一大半，走過來了。
思索著，邁向百年的未來歷程，能為知識界、文化學術界作些什麼？
在速食文化的生態下，有什麼值得讓人雋永品味的？

歷代經典・當今名著，經過時間的洗禮，千錘百鍊，流傳至今，光芒耀人；
不僅使我們能領悟前人的智慧，同時也增深加廣我們思考的深度與視野。
我們決心投入巨資，有計畫的系統梳選，成立「經典名著文庫」，
希望收入古今中外思想性的、充滿睿智與獨見的經典、名著。
這是一項理想性的、永續性的巨大出版工程。
不在意讀者的眾寡，只考慮它的學術價值，力求完整展現先哲思想的軌跡；
為知識界開啟一片智慧之窗，營造一座百花綻放的世界文明公園，
任君遨遊、取菁吸蜜、嘉惠學子！